劳动预备制教材
职业培训教材

初级防水工

中国劳动社会保障出版社

图书在版编目(CIP)数据

初级防水工/杨宝春主编. —北京：中国劳动社会保障出版社，2011
劳动预备制教材　职业培训教材
ISBN 978-7-5045-9117-3

Ⅰ.①初… Ⅱ.①杨… Ⅲ.①建筑防水-工程施工-技术培训-教材 Ⅳ.①TU761.1

中国版本图书馆 CIP 数据核字(2011)第 145255 号

中国劳动社会保障出版社出版发行
（北京市惠新东街 1 号　邮政编码：100029）
出 版 人：张梦欣
*
北京谊兴印刷有限公司印刷装订　新华书店经销
787 毫米×1092 毫米　16 开本　9.75 印张　228 千字
2011 年 7 月第 1 版　　2021 年 6 月第 2 次印刷
定价：17.00 元

读者服务部电话：（010）64929211/84209101/64921644
营销中心电话：（010）64962347
出版社网址：http://www.class.com.cn

前　言

《中华人民共和国就业促进法》规定："国家采取措施建立健全劳动预备制度，县级以上地方人民政府对有就业要求的初高中毕业生实行一定期限的职业教育和培训，使其取得相应的职业资格或者掌握一定的职业技能。"

为进一步加强劳动预备制培训教材建设，满足各地实施劳动预备制对教材的需求，我们会同中国劳动社会保障出版社，组织有关人员对2000年出版的机械加工、电工、计算机、汽车、烹饪、饭店服务、商业、服装、建筑等类劳动预备制培训的专业课教材进行修订改版，并新编了美容美发、保健护理、物流、数控加工、会计、家政服务等类专业课教材。

在组织修订、编写教材时，考虑到接受培训人员的实际水平，为了使学员在较短时间内掌握从业必备的基本知识和操作技能，我们力求做到学习的理论知识为掌握操作技能服务，操作技能实践课题与生产实际紧密结合，内容深入浅出、图文并茂，增强教材的实用性和可读性。同时，注意在教材中反映新知识、新技术、新工艺和新方法，努力提高教材的先进性。

为了在规定的期限内更好地完成劳动预备制培训，各专业按照公共课＋专业课的模式进行教学。公共课分为必修课和选修课，教材为《法律常识》《职业道德》《就业指导》《计算机应用》《劳动保护知识》《应用数学》《实用写作》《英语日常用语》《实用物理》《交际礼仪》。专业课教材分为专业基础知识教材和专业技术（理论和实训一体化）教材。

在这批教材的修订、编写过程中，编审人员克服各种困难，较好地完成了任务。在此，谨向付出辛勤劳动的编审人员表示衷心感谢。

由于编写时间有限，教材中可能有一些不足之处，我们将在教材使用过程中听取各方面的意见，适时进行修改，使其趋于完善。

人力资源和社会保障部教材办公室

简　介

本教材参照防水工实际岗位需求和相应的国家职业标准编写，以防水施工所涉及的基础知识和技能为主线，由浅入深，由易到难，简要介绍建筑防水材料和防水施工机具知识，在此基础上重点分析屋面防水工程、厕浴间防水工程、地下防水工程和建筑外墙防水工程的施工技能，对卷材防水、涂膜防水和刚性防水操作方法进行了形象、细致的展示，配图丰富，便于学员理解、掌握并加以运用。

本教材由杨宝春、刘伟鹏编写，李国年审稿。

目　录

第一单元　建筑防水基本知识

知识技能要求

1. 熟悉建筑防水的概念。

2. 掌握建筑防水的分类。

3. 了解国家标准《屋面质量验收规范》和《地下防水工程质量验收规范》中规定的屋面防水和地下工程防水的等级。

4. 熟悉防水安全生产与环境保护知识。

一、建筑防水的概念

建筑防水主要是指房屋建筑的防水，即为防止地表水（雨水）、地下水、滞水、毛细管水以及人为因素引起的水文地质改变而产生的水渗入建筑物、构筑物或防止蓄水工程向外渗透所采取的一系列结构、构造和建筑措施。

建筑防水的作用是防止雨水、地下水、工业与民用给排水、腐蚀性液体以及空气中的湿气、蒸气等对建筑物某些部位的渗透侵入。

建筑物进行防水处理的部位主要是屋面、外墙面、厕浴间楼地面和地下室。

建筑防水应达到的效果是不出现“渗”“漏”“冒水”“涌水”现象。

建筑防水技术在建筑工程中占有重要的地位，建筑防水施工在整个建筑工程中属于分部、分项工程之一。建筑防水是一项综合性很强的系统工程，涉及材料、设计、施工、维护以及管理等诸多方面的因素。只有做好这些环节，才能确保建筑防水工程的质量和耐久年限。

二、建筑防水的分类

1. 按照建筑防水采取的措施和手段分类

按照建筑防水采取的措施和手段不同，可将建筑防水工程分为材料防水和构造防水。

（1）材料防水。材料防水是依靠防水材料经过施工形成整体封闭防水层阻断水的通路以达到防水的目的或增强抗渗漏水的能力。

（2）构造防水。构造防水是采取正确与合适的构造形式和构造措施阻断水的通路和防止水侵入室内的统称。构造防水的做法很多，例如，采用坡度、各类接缝、节点细部构造的防水处理等，如图1—1、图1—2、图1—3、图1—4所示。

2. 按照所采用防水材料性能的不同分类

按照所采用防水材料性能的不同可将建筑防水工程分为柔性防水和刚性防水。

（1）柔性防水。依防水材料的不同可分为卷材防水和涂膜防水等。

卷材防水是将基层卷材用胶结材料粘在结构基层上而构成防水层。这种防水技术常用于屋面、地下室等的防水工程。

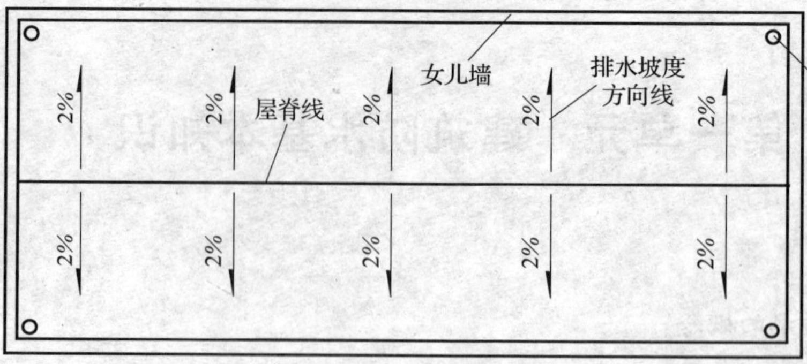

图 1—1　屋面设置坡

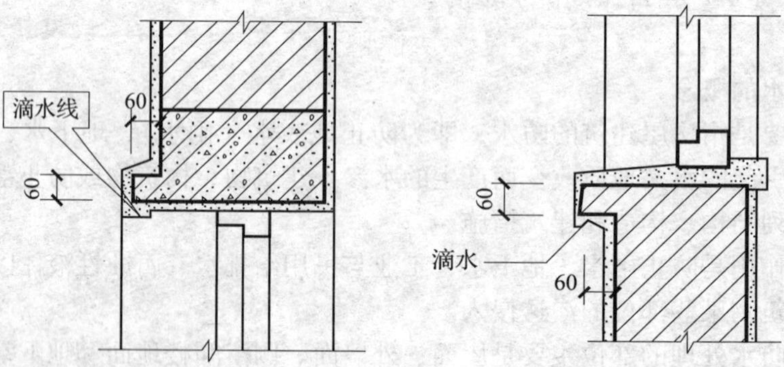

图 1—2　滴水

注：采取滴水线和滴水槽形式，有效防止雨水沿着窗外沿流入窗口内和外墙上。

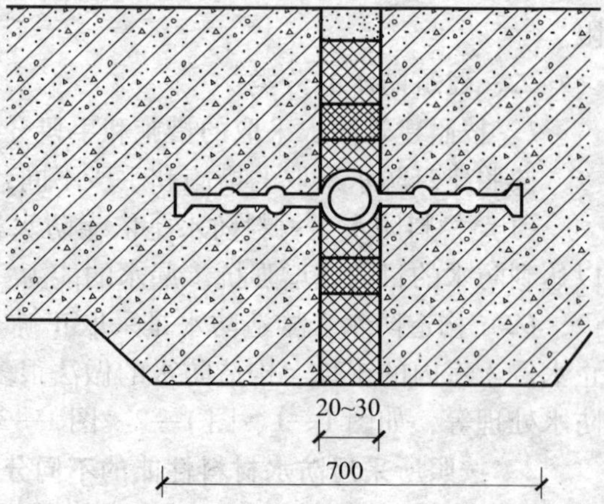

图 1—3　在施工缝处设置止水带

注：止水带主要用于地下工程的施工缝或沉降缝处，可有效防止地下水从地下侵入地上。

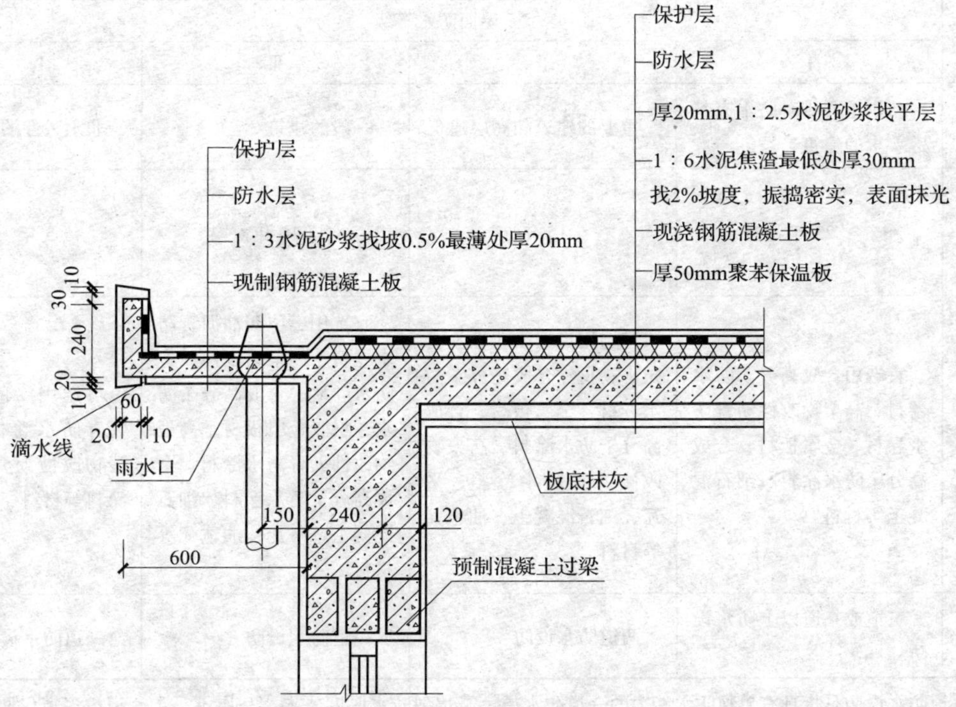

图 1—4　屋面设置挑檐沟排水

涂膜防水主要以乳化沥青、改性沥青、橡胶及合成树脂为主要防水材料。这些材料固化前为无定型黏稠状液体物质，在施工表面喷、涂，固化后形成的致密物质具有不透水性和一定的耐气候性及延伸性，且可涂布在任何复杂的基层表面，固化后形成没有接缝的整体防水层。目前在建筑防水工程中得到较广泛的使用。

（2）刚性防水。依靠结构构件自身的密实性或采用刚性材料作防水层以达到建筑物的防水目的。刚性防水层主要采用较高强度和无延伸防水材料构成，如防水砂浆、防水混凝土等。

三、建筑防水等级

任何一个防水工程，无论选择何种方案、选用何种防水材料，都应以保证在耐用年限内不发生渗漏为目标，且耐用年限越长越好。但是，如果防水工程不分等级，一般的建筑使用高档防水材料，进行多道防水设防，将提高房屋造价，造成浪费；而重要的、高级的建筑使用低档防水材料进行一道防水设防，则难以满足使用功能要求。因此，应根据建筑物的性质、重要程度、使用功能要求、建筑结构特点和防水层耐用年限来划分建筑防水等级。设计人员在进行防水设计时，会根据建筑物的防水等级来选用防水材料和进行防水设计。

1. 屋面防水等级划分

《屋面工程质量验收规范》（GB 50207—2002）按建筑物类别，将屋面防水的设防要求分为 4 个等级，见表 1—1。

表 1—1　　　　　　　　屋面防水等级和设防要求

项目	屋面防水等级			
	Ⅰ	Ⅱ	Ⅲ	Ⅳ
建筑物类别	特别重要或对防水有特殊要求的建筑	重要的建筑和高层建筑	一般的建筑	非永久性的建筑
防水层合理使用年限	25 年	15 年	10 年	5 年
防水层选用材料	宜选用合成高分子防水卷材、高聚物改性沥青防水卷材、金属板材、合成高分子防水涂料、细石混凝土等材料	宜选用高聚物改性沥青防水卷材、合成高分子防水卷材、金属板材、合成高分子防水涂料、高聚物改性沥青防水涂料、平瓦、细石混凝土、油毡瓦等材料	宜选用三毡四油沥青防水卷材、高聚物改性沥青防水卷材、合成高分子防水卷材、金属板材、高聚物改性沥青防水涂料、合成高分子防水涂料、细石混凝土、平瓦、油毡瓦等材料	可选用二毡三油沥青防水卷材、高聚物改性沥青防水涂料等材料
设防要求	三道或三道以上防水设防	两道防水设防	一道防水设防	一道防水设防

注：一道防水设防是指具有单独防水能力的一道防水层，需达到防水厚度要求，一层不等于一道；多道设防是指不同类别的防水材料复合使用。

2．地下工程的防水等级划分

《地下防水工程施工质量验收规范》（GB 50208—2002）按地下工程围护结构防水要求，分为 4 个等级，见表 1—2。

表 1—2　　　　　　　　地下工程施工防水等级标准

防水等级	标准
1 级	不允许渗水，结构表面无湿渍
2 级	不允许漏水，结构表面可有少量湿渍 工业与民用建筑：湿渍总面积不大于总防水面积的 1‰，单个湿渍面积不大于 0.1 m^2，任意 100 m^2 防水面积不超过 1 处 其他地下工程：湿渍总面积不大于总防水面积的 6‰，单个湿渍面积不大于 0.2 m^2，任意 100 m^2 防水面积不超过 1 处
3 级	有少量漏水点，不得有线流和漏泥沙 单个湿渍面积不大于 0.3 m^2，单个漏水点的漏水量不大于每天 2.5 L，任意 100 m^2 防水面积不超过 7 处
4 级	有漏水点，不得有线流和漏泥沙 整个工程平均漏水量不大于每天 2.5 L/m^2，任意防水面积的平均漏水量不大于每天 4 L/m^2

防水工程应根据建筑物的防水等级、防水耐久年限、气候条件、结构形式和工程实际情况等因素确定防水设计方案和选择防水材料，全面贯彻遵循“防、排、截、堵、刚柔结合、嵌涂合一、因地制宜、综合治理”和“多道设防、复合用材”的基本原则。

四、建筑防水相关法律、规范

1. 有关防水工程保修期

《建筑工程质量管理条例》第40条规定：在正常使用条件下，屋面防水工程，有防水要求的卫生间、房间和外墙的防渗漏，最低保修期限为5年。

2. 有关防水工程施工队伍要求

《屋面工程质量验收规范》规定：屋面防水工程与地下防水工程应由相应资质的专业队伍进行施工，作业人员应持有当地建设行政主管部门颁发的上岗证或其指定单位颁发的执业资格证书。

3. 其他规范与标准

包括《建筑工程施工质量验收统一标准》（GB 50300—2002），《屋面工程质量验收规范》（GB 50207—2002），《屋面工程技术规范》（GB 50345—2004），《地下防水工程施工质量验收规范》（GB 50208—2002），《地下工程防水技术规范》（GB 50108—2008）。

五、建筑防水安全生产与环境保护

1. 防水安全生产

建筑防水作业环境具有一定的特殊性，要登高作业，经常接触易燃材料，易受有毒、有害物质等侵害。为了保障作业人员的安全，预防事故发生，必须贯彻“安全第一，预防为主”的方针，始终坚持“安全生产，人人有责”的原则，严格遵守安全技术操作规程和国家及行业有关强制性标准、规范、规程的规定。

防水工人上岗前必须接受安全教育，参加施工作业的一切作业人员都要熟知本岗位的安全生产职责和安全技术操作规程，经过本工种安全技术操作规程的培训、教育并考核合格后方可上岗。新招收及调换工种或脱离岗位6个月后重新上岗的作业人员都必须经过三级安全教育（公司级、施工队和班组），并经考试合格，方可安排上岗。

具体要求如下：

（1）确保施工现场和配料场地通风良好，操作人员应穿软底鞋、工作服，扎紧袖口，并应佩戴手套及鞋盖。涂刷处理剂和胶黏剂时，必须戴防毒口罩和防护眼镜。外露皮肤应涂擦防护膏。操作时严禁用手直接揉擦皮肤。

（2）患有皮肤病、眼病、刺激过敏者，不得参加防水作业。施工过程中发生恶心、头晕、过敏等应停止作业。

（3）用热玛琋脂粘铺卷材时，浇油和铺毡人员应保持一定距离。浇油时，槽口下方不得有人行走或停留。

（4）使用液化气喷枪及汽油喷灯，点火时，火嘴不准对人。汽油喷灯加油不得过满，打气不能过足。

（5）装卸溶剂（如苯、汽油等）的容器必须配软垫，不准猛推猛撞。使用容器后，其容器盖必须及时盖严。

（6）防水卷材采用热熔黏结，使用明火（如喷灯）操作时，应申请办理用火证，并设专人看火。配有灭火器材，周围30 m以内不准有易燃物。

（7）雨、雪、霜天应待屋面干燥后施工。六级以上大风应停止室外作业。

（8）下班清洗工具。未用完的溶剂，必须装入容器，并将盖盖严。

（9）施工现场发生伤亡事故，必须立即报告领导，抢救伤员，保护现场。

2. 防水施工环境保护

防水工人要注意保护和改善施工现场的环境，及时采取措施消除粉尘、废气和污水的污染，控制人为噪声。尤应注意以下几点：

（1）熬制沥青优先选用节能消烟沥青锅。

（2）所有溶剂及挥发性的防水材料，必须用密封容器包装。

（3）废弃的防水材料要集中处理，及时清运出场，施工严禁烟火。

（4）除设有符合规定的装置外，禁止在施工现场焚烧油毡、橡胶、皮革、树叶、枯草等以及其他会产生有毒、有害烟尘和恶臭气体的物质。

练 习 题

1. 填空题

（1）建筑防水按其采取的措施和手段不同，分为____________和__________。

（2）材料防水可分为_______________和_______________两大类。

（3）《屋面工程质量验收规范》（GB 50207—2002）按建筑物类别，将屋面防水的设防要求分为__________个等级。

（4）一般建筑物防水层的合理使用年限为________年。

（5）防水工程应根据建筑物的防水等级、防水耐久年限、气候条件、结构形式和工程实际情况等因素确定防水设计方案和选择防水材料，全面贯彻遵循____的基本原则。

（6）《建筑工程质量管理条例》第40条规定：在正常使用条件下，屋面防水工程，有防水要求的卫生间、房间和外墙的防渗漏，最低保修期限为________年。

2. 简答题

简述防水施工环境保护的内容。

第二单元　常用建筑防水材料

建筑防水材料从性能上一般可分为柔性防水材料（具有塑性变形的能力）和刚性防水材料（塑性变形能力较差，易出现裂缝）两大类。柔性防水材料主要有防水卷材、防水涂料等，刚性防水材料主要有防水砂浆、防水混凝土等。

依据建筑防水材料的外观形态，一般可将建筑防水材料分为防水卷材、防水涂料、防水密封材料、刚性防水及堵漏材料等四大系列，这四类材料又根据其组成不同可划分为上百个品种，其分类情况如图 2—1 所示。

- 建筑防水材料
  - 防水卷材
    - 沥青类防水卷材
    - 高聚物改性沥青防水卷材
    - 合成高分子防水卷材
  - 防水涂料
    - 沥青类防水涂料
    - 高聚物改性沥青防水涂料
    - 合成高分子防水涂料
    - 水泥基防水涂料
  - 防水密封材料
    - 非定型密封材料
    - 定型密封材料
  - 刚性防水及堵漏材料
    - 防水混凝土
    - 防水砂浆
    - 外加剂（防水剂、减少剂、膨胀剂）
    - 堵漏止水材料
    - 瓦材

图 2—1　建筑防水材料的类别

模块一　防 水 卷 材

知识技能要求

熟练掌握常用的几种防水卷材的性能特点及使用范围。

卷材防水材料是建筑工程防水材料的重要品种之一。在我国建筑工程防水材料的应用中，防水卷材始终处于主导地位。

防水卷材是以原纸、纤维毡、纤维布、金属箔、塑料膜或纺织物等材料中的一种或数种复合为胎基，浸涂石油沥青、煤沥青、高聚物改性沥青制成的或以合成高分子材料为基料加入助剂、填充剂，经过多种工艺加工而成的长条片状成卷供应并起防水作用的产品。

目前，防水工程上常用的卷材防水材料主要包括沥青防水卷材、高聚物改性沥青防水卷材和合成高分子防水卷材，如图 2—2 所示。

- 建筑防水卷材
  - 沥青防水卷材
    - 石油沥青防水卷材
      - 普通沥青防水卷材
      - 氧化沥青防水卷材
    - 煤沥青防水卷材
  - 高聚物改性沥青防水卷材
    - 弹性体改性沥青防水卷材
    - 塑性体改性沥青防水卷材
    - 橡塑共混体改性沥青防水卷材
  - 合成高分子防水卷材
    - 橡胶类防水卷材
      - 硫化型
      - 非硫化型
    - 树脂类防水卷材
    - 橡塑共混类防水卷材

图 2—2　建筑防水卷材的分类

一、防水卷材应满足的使用要求

防水卷材的品种很多，其性能各异。但无论是何种防水卷材，要满足建筑防水工程的要求，都必须具备以下性能。

1. 耐水性

即在水的作用下和被水浸润后，其性能基本不变，在一定压力水的作用下，具有不透水的性能。

2. 温度稳定性

即在高温下不流淌、不起泡、不滑动。在低温下不脆裂的性能，即在一定温度变化下保持原有性能的能力。

3. 机械强度（包括延伸性和抗断裂性）

即防水卷材承受一定荷载、应力或在一定变形的条件下不断裂的性能。

4. 柔韧性

即在低温条件下保持柔韧的性能，这对于保证施工方便、不发生脆裂具有重要意义。

5. 大气稳定性

即在阳光、热、臭氧及其他化学侵蚀介质等因素的长期综合作用下不变质的能力。

二、沥青防水卷材

沥青防水卷材俗称沥青油毡，是用原纸、纤维毡等胎体材料浸涂沥青，表面撒布粉状、粒状或片状材料制成可卷曲的片状防水材料。沥青防水卷材品种较多，常见品种的特点及适用范围见表 2—1。

表 2—1　　常见沥青防水卷材品种的特点及适用范围

卷材名称	特点	适用范围	施工工艺
石油沥青纸胎防水卷材	是我国传统的防水材料，目前在屋面工程中仍占主导地位。低温柔性差，防水层耐用年限较短，但价格较便宜	三毡四油、二毡三油叠层铺设的屋面工程	热玛琋脂，冷玛琋脂粘贴施工
石油沥青玻璃布胎防水卷材	拉伸强度高，胎体不易腐烂，材料柔性好，耐久性比纸胎卷材高一倍以上	多用做纸胎油毡的增强附加层和突出部位的防水层	热玛琋脂，冷玛琋脂粘贴施工
石油沥青玻纤毡胎防水卷材	有良好的耐水性、耐腐蚀性和耐久性，柔性也优于纸胎沥青卷材	常用做屋面或地下防水工程	热玛琋脂，冷玛琋脂粘贴施工
石油沥青麻布胎防水卷材	拉伸强度高、耐水性好，但胎体材料易腐烂	常用做屋面增强附加层	热玛琋脂，冷玛琋脂粘贴施工
石油沥青铝箔胎防水卷材	有很高的阻隔蒸气渗透的能力，防水功能好，且具有一定的拉伸强度	与带孔玻纤毡配合或单独使用，宜用于隔气层	热玛琋脂粘贴

三、高聚物改性沥青防水卷材

沥青防水卷材由于其温度敏感性强、伸长率小，很难适应基层开裂及伸缩变形的要求，国内外开发研究和应用高聚物改性沥青防水卷材克服了沥青卷材的不足，具有高温不流淌、低温不脆裂、拉伸强度较高、伸长率较大的优越性能。

高聚物改性沥青防水卷材简称改性沥青防水卷材，俗称改性沥青油毡，是采用改性后的沥青作为卷材的涂盖材料，用聚酯毡、玻纤毡、聚乙烯膜等薄毡作胎体增强材料，用片岩、彩色砂、矿物砂、合成膜及金属铂等作覆面材料。

常见高聚物改性沥青防水卷材品种的特点及适用范围见表 2—2。

表 2—2　　常见高聚物改性沥青防水卷材品种的特点及适用范围

卷材名称	特点	适用范围	施工工艺
SBS 改性沥青防水卷材	耐高、低温性能有明显提高，卷材的弹性和耐疲劳性明显改善	单层铺设的屋面防水工程或复合使用	冷施工或热熔铺贴
APP 改性沥青防水卷材	具有良好的强度、延伸性、耐热性、耐紫外线照射及耐老化性能，耐低温性能稍低于 SBS 改性沥青防水卷材	单层铺设，适用于紫外线辐射强烈及炎热地区的屋面	热熔法或冷黏法铺设
PVC 改性焦油防水卷材	有良好的耐热及耐低温性能，最低开卷温度为 -18℃	有利于在冬季温度较低时施工	可热作业亦可冷作业
再生胶改性沥青防水卷材	有一定的伸长性，且低温柔性较好，有一定的防腐蚀能力，价格低廉，属于低档防水卷材	变形较大或档次较低的屋面防水工程	热沥青粘贴
废橡胶粉改性沥青防水卷材	与普通石油沥青纸胎油毡相比拉伸强度、低温柔性均明显改善	叠层使用于一般屋面防水工程，宜在寒冷地区使用	热沥青粘贴

四、合成高分子防水卷材

合成高分子防水卷材是以合成橡胶、合成树脂或两者的混合料为基料，加入适量的助剂和填充料，经过不同的工艺加工而制成的片材，或将制成的片材与合成纤维等复合而成两层或两层以上的可卷曲的片状材料。

合成高分子防水卷材具有质量较轻、伸长率大、抗拉强度高、低温柔性大、耐热性好、耐腐蚀、耐老化性能均佳，防水性能优良，可冷施工等特点，属于高档防水卷材。这类防水卷材的厚度有 1. 0 mm、1. 2 mm、1. 5 mm、2. 0 mm 四种，其宽度不得小于 1 000 mm，每卷长度一般为 20 m。

合成高分子防水卷材可分为橡胶类、树脂类和橡塑共混类三大系列，常见品种的特点及适用范围见表 2—3。其中，生产和应用量最大的是综合性能较好的三元乙丙橡胶（EPDM）防水卷材。

表 2—3　常见合成高分子防水卷材品种的特点及适用范围

卷材名称	特点	适用范围	施工工艺
三元乙丙橡胶防水卷材	防水性能优异，耐候性好，耐臭氧性、耐化学腐蚀性好，弹性和拉伸强度大，对基层变形开裂的适应性强，质量轻，使用温度范围宽，寿命长，但价格高，黏结材料尚需配套完善	屋面防水技术要求较高、防水层耐用年限要求长的工业与民用建筑，单层或复合使用	冷黏法或自黏法
丁基橡胶防水卷材	有较好的耐候性，拉伸强度、伸长率、耐低温性能稍低于三元乙丙防水卷材	单层或复合使用于要求较高的屋面防水工程	冷黏法施工
氯化聚乙烯防水卷材	具有良好的耐候、耐臭氧、耐热老化、耐油、耐化学腐蚀及抗撕裂的性能	单层或复合使用，宜用于紫外线强的炎热地区	冷黏法施工
氯磺化聚乙烯防水卷材	伸长率较大、弹性较好、对基层变形开裂的适应性能强，耐高、低温性能好，耐腐蚀性能优良，有很好的难燃性	适合于有腐蚀介质影响及在寒冷地区的屋面工程	冷黏法施工
聚氯乙烯防水卷材	具有较高的拉伸强度和撕裂强度，伸长率较大，耐老化性能好，原材料丰富，价格便宜，容易黏结	单层或复合使用于外露或有保护层的屋面防水	冷黏法或热风焊接法施工
氯化聚乙烯—橡胶共混防水卷材	不但具有氯化聚乙烯特有的高强度和优异的耐臭氧、耐老化性能，而且具有橡胶特有的高弹性、高延伸性以及良好的低温柔性	单层或复合使用，尤宜用于寒冷地区或变形较大的屋面	冷黏法施工
三元乙丙橡胶—聚乙烯共混防水卷材	是热塑性弹性材料，有良好的耐臭氧和耐老化性能，使用寿命长，低温柔性好，可在低于0℃条件下施工	单层或复合使用于外露防水屋面，宜在寒冷地区使用	冷黏法施工

五、防水卷材的现场抽样复检

1. 现场抽检数量

沥青防水卷材、高聚物改性沥青防水卷材、合成高分子防水卷材的现场抽检数量为：大于1 000卷抽5卷，500～1 000卷抽4卷，100～499卷抽3卷，100卷以下抽2卷。对防水卷材进行规格、尺寸和外观质量检查，在外观质量检验合格的卷材中，任取1卷作物理性能检验。

2. 外观质量检验

（1）沥青防水卷材外观质量要求，见表2—4。

表2—4　沥青防水卷材外观质量要求

项目	质量要求
孔洞、硌伤	不允许
露胎、涂盖不匀	不允许
折纹、皱褶	距卷芯1 000 mm以外，长度不大于100 mm
裂纹	距卷芯1 000 mm以外，长度不大于10 mm
裂口、缺边	边缘裂口小于20 mm，缺边长度小于50 mm，深度小于20 mm
每卷卷材的接头	不超过1处，较短的一段不应小于2 500 mm，接头处应加长150 mm

（2）高聚物改性沥青防水卷材外观质量要求，见表2—5。

表2—5　高聚物改性沥青防水卷材外观质量要求

项目	质量要求	项目	质量要求
孔洞、缺边、裂口	不允许	胎体未浸透、露白	不允许
边缘不整齐	不超过10 mm	每卷卷材的接头	不超过1处，较短的一段不应小于1 000 mm，接头处应加长150 mm
撒布材料粒度、颜色	均匀		

（3）合成高分子防水卷材外观质量要求，见表2—6。

表2—6　合成高分子防水卷材外观质量要求

项目	质量要求
折痕	每卷不超过2处，总长度不越过20 mm
杂质	大于0.5 mm颗粒不允许，每1 m^2 不超过9 mm^2
胶块	每卷不超过6处，每处面积不大于4 mm^2
凹痕	每卷不超过6处，深度不超过本身厚度的30%；树脂类深度不超过15%
每卷卷材的接头	橡胶类每20 m不超过1处，较短的一段不应小于3 000 mm，接头处应加长150 mm；树脂类20 m长度内不允许有接头

六、防水卷材的储运与保管

1. 不同品种、标号、规格和等级的产品应分别堆放。

2. 卷材应储存在阴凉通风的室内，避免雨淋、日晒和受潮，严禁接近火源。沥青防水卷材的储存环境温度不得高于45℃。

3. 卷材宜直立堆放，其高度不宜超过两层，并不得倾斜或横压，短途运输平放不宜超过四层。

4. 应避免与化学介质及有机溶剂等有害物质接触。

练　习　题

1. 填空题

(1) 依据建筑防水材料的外观形态，一般可将建筑防水材料分为________、________、________、________等四大系列。

(2) 目前防水工程上常用的卷材防水材料，主要包括________、________、________三大类。

(3) 防水卷材的施工方法可分为两大类：一类为________；另一类为________。

2. 简答题

(1) 防水卷材要满足哪些使用要求？

(2) 简述三元乙丙橡胶防水卷材的特点。

(3) 防水卷材的现场抽样数量如何确定？

(4) 防水卷材的外观质量有哪些要求？

(5) 防水卷材如何储运和保管？

模块二　防水卷材胶结材料

知识技能要求

1. 熟悉防水卷材的各种胶结材料。

2. 能够正确选用胶结材料。

防水卷材胶结材料是与防水卷材配套使用的材料，用于卷材与基层、卷材与卷材的黏结。防水卷材胶结有多种类型，施工时应根据不同类型的卷材选用不同类型的胶结材料，见表2—7。

表2—7　　基层处理剂、卷材胶结材料类型选用表

<table>
<tr><th colspan="2">卷材类型</th><th>基层处理剂</th><th>基层胶黏剂、卷材胶黏剂</th></tr>
<tr><td rowspan="3">沥青防水卷材</td><td>石油沥青防水卷材</td><td>石油沥青冷底子油或橡胶改性沥青冷胶黏剂稀释液</td><td>石油沥青玛琋脂或橡胶改性沥青冷胶黏剂</td></tr>
<tr><td rowspan="2">煤沥青防水卷材</td><td>煤沥青冷底子油</td><td>煤沥青玛琋脂</td></tr>
<tr><td colspan="2">煤焦油聚氯乙烯涂料</td></tr>
<tr><td rowspan="2">改性沥青防水卷材</td><td>改性石油沥青防水卷材</td><td>石油沥青冷底子油或橡胶改性沥青冷胶黏剂稀释液</td><td>石油沥青玛琋脂或橡胶改性沥青冷胶黏剂或卷材厂家指定产品</td></tr>
<tr><td>焦油沥青耐高、低温系列防水卷材</td><td>焦油沥青冷底子油</td><td>PVC型焦油沥青改性胶（热施工用）或CCTP胶黏剂（冷施工用）</td></tr>
<tr><td colspan="2">合成高分子防水卷材</td><td colspan="2">卷材生产厂家随卷材配套供应的产品或卷材生产厂家指定的产品</td></tr>
</table>

一、沥青冷底子油

冷底子油是将石油沥青溶解于柴油、煤油、汽油、苯或甲苯等有机溶剂所制成的油溶性石油沥青防水卷材与基层黏结用的打底材料。冷底子油的配制方法见表2—8。

表2—8　　沥青冷底子油的配制方法

配制方法	操作要点
第一种方法	将沥青加热熔化，使其脱水至不再起泡为止。再将熔好的沥青倒入桶中（按配合量），放置背离火源风向25 m以上，待其冷却。如加入快挥发性溶剂，沥青温度一般不超过100℃；如加入慢挥发性溶剂，温度一般不超过140℃；达到上述温度后，将沥青慢慢成细流状注入一定量（配合量）的溶剂中，并不停地搅拌，直至沥青加完后，溶解均匀为止
第二种方法	与上述一样，熔化沥青，倒入桶或壶中（按配合量），待其冷却至上述温度后，将溶剂按配合量要求的数量分批注入沥青溶液中。开始每次2~3 L，以后每次5 L左右，边加边不停地搅拌，直至加完，溶解均匀为止
第三种方法	将沥青打成5~10 mm大小的碎块，按质量比加入一定配合量的溶液中，不停地搅拌，直至全部溶解均匀

注：①在施工中，如用量较少，可用第三种方法，此法沥青中的杂质与水分没有除掉，质量较差。

②用第一种、第二种方法调制时，应很好掌握温度，并注意防火。

二、沥青胶

沥青胶又名沥青玛𤦆脂，是在沥青中加入各种辅助材料如溶剂、矿物填充料（滑石粉、云母粉、粉煤灰）、改性材料（橡胶粉、热塑性弹性体）等配制而成的一类沥青基黏结剂，是沥青油毡、改性沥青油毡的黏结材料，主要应用于卷材与基层、卷材与卷材之间的黏结。

沥青胶可分为冷热两种，前者称为冷沥青胶或冷玛𤦆脂，后者则称为热沥青胶或热玛𤦆脂，两者又均有石油沥青胶与煤沥青胶之分。石油沥青胶适用于粘贴石油沥青类防水卷材，煤沥青胶则适用于粘贴煤沥青类防水卷材。

沥青胶的标号（即耐热度）应根据屋面坡度和当地历年室外极端最高气温来选定。

沥青胶的标号及适用范围见表2—9，沥青胶的技术性能要求见表2—10，沥青胶的配制方法见表2—11，沥青胶的加热温度与使用温度见表2—12。

表2—9　　沥青胶的标号及适用范围

沥青胶种类	标号（耐热度）	适用范围	
		屋面坡度	历年室外极端最高温度/℃
石油沥青胶	S－60	1%~3%	<38
	S－65		38~41
	S－70		41~45
	S－65	3%~15%	<38
	S－70		38~41
	S－75		41~45
	S－75	15%~25%	<38
	S－80		38~41
	S－85		41~45

续表

沥青胶种类	标号（耐热度）	适用范围	
		屋面坡度	历年室外极端最高温度/℃
煤沥青胶	J－55	1%～3%	<38
	J－60		38～41
	J－65		41～45
	J－60	3%～10%	<38
	J－65		38～41

注：①屋面坡度≤3%或油毡层上有整体保护层时，沥青胶标号可降低5号。

②屋面坡度>25%或屋面受其他热源影响（如高温车间等）时，沥青胶标号应适当提高。

③表中“S－60”指石油沥青胶的耐热度为60℃，“J－60”指煤沥青胶的耐热度为60℃，余类推。

表2—10　　沥青胶的技术性能要求

技术要求	沥青胶标号								
	石油沥青胶						煤沥青胶		
	S－60	S－65	S－70	S－75	S－80	S－85	J－55	J－60	J－65
耐热度	用2 mm厚的沥青胶黏合两张沥青油纸，于不低于下列温度（℃）中，在1∶1（或45°）的坡度上停放5 h，沥青胶不应流淌，油纸不应滑动								
	60	65	70	75	80	85	55	60	65
柔韧度	涂在沥青油纸上的2 mm厚的沥青胶层，在（18±2）℃时，围绕下列直径（mm）的圆棒，以2 m/s的均匀速度弯曲成半周，沥青胶不应有裂纹								
	10	15	15	20	25	30	25	30	35
黏结力	将两张用沥青胶粘贴在一起的沥青油纸揭开时，从油纸和沥青胶的粘贴面的任何一面的撕开部分，应不大于粘贴面积的1/2								

表2—11　　沥青胶的配制方法

名称	配制方法	使用温度	备注
热沥青胶	先将粉状或纤维状填充料加热到105～110℃，使其胶水干燥，然后按配比缓慢加入加热熔化且不再起泡沫的热石油沥青或煤沥青中，加热温度宜控制在160～180℃，边加边搅拌到拌和均匀为止	需在熔化状态下（约180℃）使用	热沥青胶的标号主要以耐热度来划分
冷沥青胶	以石油沥青或焦油沥青熔化冷却至130～140℃后，加入稀释剂（如煤油、轻柴油等），进一步冷却至70～80℃，再加入填料搅拌而成	使用时，不必加热，但在低温时（低于5℃）则需加热至50～60℃方可使用。加热时需注意不能直接用火加热，以免引起冷沥青胶内溶剂中挥发气体燃烧，发生事故	冷沥青胶亦可将填充料先与溶剂拌和，然后再将熔好的沥青加入拌和物中搅拌而成

表2—12　　沥青胶的加热温度与使用温度

类别	加热温度/℃	使用温度/℃
普通石油沥青胶或掺配建筑石油沥青的普通石油沥青胶	不应高于280	不宜低于240
建筑石油沥青胶	不应高于240	不宜低于190
焦油沥青胶	不应高于180	不宜低于140

三、合成高分子防水卷材常用的胶黏剂

合成高分子防水卷材常用的胶黏剂有天然橡胶系胶黏剂、再生橡胶系胶黏剂、氯丁橡胶系胶黏剂、丁腈橡胶胶黏剂、聚异丁烯系胶黏剂、沥青系胶黏剂、醋酸乙烯树脂系胶黏剂、环氧树脂系胶黏剂。

凡合成高分子防水卷材施工用的胶黏剂的性能和卷材、基层有亲和性，各种胶黏剂的性能不同，用途也不同。胶黏剂除质量必须符合规定指标外，应有质量证明文件，并经指定的质量检测部门认证，确保其质量符合材料标准和设计要求。胶黏剂进场后，也应按规定取样复试，不合格者严禁在工程中使用。

合成高分子卷材胶黏剂的选用见表 2—13。

表 2—13　合成高分子卷材胶黏剂的选用

配套材料	三元乙丙橡胶防水卷材	氯化聚乙烯—橡胶共混防水卷材	氯化聚乙烯防水卷材
基层处理剂	聚氨酯甲、乙组分，二甲苯稀释剂	聚氨酯涂料稀释或水乳型涂料喷涂处理	稀释黏结剂，乙酸乙酯：汽油为 1:1
基层胶黏剂	CX—404 胶	CX—404 胶或 409 胶	LXY—603—3 号胶，淡黄色透明黏稠液体，剥离强度不小于 20 N/2.5 cm
卷材接缝胶黏剂	丁基橡胶黏剂甲、乙组分或单组分丁基橡胶黏剂	氟丁系胶黏剂、CX—404 胶、CX—401 胶	LYX—603—2 号胶，灰色黏稠液体，剥离强度不小于 25 N/2.5 cm
增强密封膏	聚氨酯嵌缝膏（甲、乙组分）	聚氨酯嵌缝膏	聚氨酯嵌缝膏
着色剂	着色涂料（银灰色）	着色涂料（银灰色）	着色涂料（银灰色）
自硫化胶带		丁基胶带或其他橡胶	

练习与实训

一、练习题

1. 填空题

（1）沥青胶可分为________、________两种。

（2）沥青胶的标号（即耐热度）应根据______________，__________来选定。

2. 简答题

（1）简述热沥青胶的配制方法。

（2）合成高分子卷材的胶黏剂如何选用？

二、实训与指导

调制热沥青玛瑅脂

1. 实训目的

通过操作掌握热沥青玛瑅脂的配置方法和要求。

2. 实训内容

四人为一组，完成5 kg热沥青玛𤧛脂的配置。

3. 实训准备

(1) 材料。准备沥青和滑石粉或石灰石、油纸适量。

(2) 实训工具。铁桶、溶剂桶、电动搅拌机。

4. 实训步骤

(1) 溶化沥青。要求计量准确且脱水达到要求。

(2) 填充料处理。要求干燥并加热且计量准确。

(3) 加入填充料。要求适时、慢慢地加入填充料，同时不停搅拌至均匀为止。

(4) 制作试件。要求会做出符合标准的试件。

(5) 检查玛𤧛脂耐热度和柔韧性。按要求进行试验并确定沥青玛𤧛脂质量。

5. 安全注意事项

(1) 注意防火，集中精力，防止烫伤。

(2) 注意戴好劳动防护用品，如口罩、袖套、手套等。

6. 调制热沥青玛𤧛脂评分表

序号	评定项目	评分标准	满分	检测点					得分
				1	2	3	4	5	
1	溶化沥青	计量准确且脱水达标，一处不合格扣2分	10						
2	填充料处理	干燥、加热、计量准确，一点不合格扣2分	15						
3	加入填充料	适时加入填充料，方法正确，搅拌至均匀，一处不合格扣2分	15						
4	制作试件	符合标准及数量要求，一处不合格扣2~4分	20						
5	检查玛𤧛脂性能	试验方法符合要求，一处不合格扣2~4分	20						
6	综合操作能力表现及结果	失误无分，玛𤧛脂性能不合格本项不得分	10						
7	安全文明施工	重大事故不合格，一般事故本项无分，未做到工完场清无分，扫而不清扣2分	4						
8	工效	按劳动定额时间进行，超过定额10%本项无分，在10%以下酌情扣1~6分	6						

模块三 防水涂料

知识技能要求

掌握不同种类防水涂料的性能。

防水涂料是在常温下呈无固定形状的黏稠液态高分子合成材料，经涂布后，通过溶剂的挥发或水分的蒸发或反应固化后在基层表面可形成坚韧防水涂膜，使表面与水隔绝，起到防水、防潮作用的一类材料的总称。

一、防水涂料的基本性能

1．防水涂料在常温下呈黏稠液体状，经涂布固化后，能形成无接缝的防水涂膜。

2．防水涂料特别适宜在立面、阴阳角、穿结构层管道、凸起物、狭窄场所等细部构造处进行防水施工，固化后能在这些复杂部位表面形成完整的防水膜。

3．防水涂料施工属于冷作业，操作简便，劳动强度低。

4．固化后形成的涂膜防水层自重轻，对于轻型薄壳等异形屋面大都采用防水涂料进行施工。

5．涂膜防水层具有良好的耐水、耐候、耐酸碱特性和优异的延伸性能，能适应基层局部变形的需要。

6．涂膜防水层的拉伸强度可以通过加贴胎体增强材料得到加强，对于基层裂缝、结构缝、管道根等一些容易造成渗漏的部位，极易进行增强、补强、维修等处理。

7．防水涂膜一般依靠人工涂布，其厚度很难做到均匀一致。所以施工时，要严格按照操作方法进行重复多遍涂刷，以保证单位面积内的最少使用量，确保涂膜防水层的施工质量。

8．采用涂膜防水，维修比较方便。

二、防水涂料的分类

1．按照涂料的液态类型分类

根据涂料的液态类型，可把防水涂料分为溶剂型、水乳型、反应型三种。

（1）溶剂型防水涂料。在这类涂料中，作为主要成膜物质的高分子材料溶解于有机溶剂中成为溶液，高分子材料以分子状态存于溶液（涂料）中。

该类涂料具有以下特性：通过溶剂挥发，经过高分子物质分子链接触、搭接等过程而结膜；涂料干燥快，结膜较薄而致密；生产工艺较简易，涂料储存稳定性较好；易燃、易爆、有毒，生产、储存及使用时要注意安全；由于溶剂挥发快，施工时对环境有污染。

（2）水乳型防水涂料。这类防水涂料作为主要成膜物质的高分子材料以极微小的颗粒（而不是呈分子状态）稳定悬浮（而不是溶解）在水中，成为乳液状涂料。

该类涂料具有以下特性：通过水分蒸发，经过固体微粒接近、接触、变形等过程而结膜；涂料干燥较慢，一次成膜的致密性较溶剂型涂料低，一般不宜在5℃以下施工；储存期一般不超过半年；可在稍微潮湿的基层上施工；无毒，不燃，生产、储运、使用比较安全；操作简便，不污染环境；生产成本较低。

（3）反应型防水涂料。在这类涂料中，作为主要成膜物质的高分子材料是以预聚物液态形状存在的，多以双组分或单组分构成涂料，几乎不含溶剂。

此类涂料具有以下特性：通过液态的高分子预聚物与相应物质发生化学反应，变成固态物（结膜）；可一次性结成较厚的涂膜，无收缩，涂膜致密；双组分涂料需现场配料准确，搅拌均匀，才能确保质量；价格较贵。

2．按照涂料的组分不同分类

根据组分不同，一般可分为单组分防水涂料和双组分防水涂料两类。

单组分防水涂料一般用铁桶或塑料桶密闭包装，打开桶盖即可施工，但由于涂料桶容量大且防水涂料中含有填充料，容易沉淀而产生不匀质现象，故应搅拌均匀后再使用。单组分防水涂料按液态不同，一般有溶剂型、水乳型两种。

双组分防水涂料内有两个包装，需将这两个包装里的组分混合后才能使用。每份涂料在混合前必须先搅拌。双组分防水涂料属于反应型。

3. 按照涂料的主要成膜物质不同分类

根据构成涂料的主要成分不同，可分为合成高分子类（又可再分为合成树脂类和合成橡胶类）、高聚物改性沥青类（亦称橡胶沥青类）、沥青类、水泥类四大类，如图 2—3 所示。

- 防水涂料
  - 沥青类
    - 溶剂型:沥青涂料等
    - 水乳型:石灰膏乳化沥青、水性石棉沥青、乳化沥青、粘土乳化沥青等
  - 高聚物改性沥青类
    - 溶剂型:氯丁橡胶沥青类、再生橡胶沥青类等
    - 水乳型:水乳型氯丁橡胶沥青类、水乳型再生橡胶沥青类等
  - 合成高分子类
    - 合成树脂类
      - 单组分型
        - 溶剂型:丙烯酸酯类等
        - 水乳型
      - 双组分型（反应型）
        - 环氧树脂类等
        - 焦油环氧树脂类等
    - 合成橡胶类
      - 单组分型
        - 溶剂型:氯磺化聚乙烯橡胶类、氯丁橡胶类等
        - 水乳型:氯丁胶乳、丁苯胶乳、丙烯酸酯胶乳、硅橡胶类等
        - 反应型:聚氨酯类等
      - 双组分型（反应型）:聚氯酯类、焦油聚氨酯类、沥青聚氨酯类、聚硫橡胶类、硅橡胶类等
  - 水泥类
    - 聚合物水泥类
    - 无机盐水泥类

图 2—3　防水涂料的分类

其中，沥青类防水涂料以乳化剂配制的乳化沥青和填料组成，属于厚质涂料，其低温柔性和抗裂性都不好，防水工程中已经很少使用。

高聚物改性沥青防水涂料是以化学乳化剂配制的乳化沥青为基料，掺加氯丁橡胶或再生橡胶水乳液的防水涂料，主要有水乳型和溶剂型两大类，属于中低档水平，由于一些企业经常将改性材料的掺加配方随意变动，造成产品性能不稳定或下降，而外观上很难察觉，因此对进场的涂料必须按标准严格检验。

三、防水涂料的包装、运输及储存

1. 防水涂料的包装要求

（1）产品应用带盖的铁桶或塑料桶密封包装，对于双组分防水涂料应按产品配比配料，分别密封包装，甲、乙组分的包装应有明显的区别。包装好的产品应附有产品合格证书和产品使用说明书。

（2）水乳性沥青基防水涂料产品一般用带盖的铁桶或塑料桶包装，每桶净重有 200 kg、

100 kg、50 kg 三种规格。对于水性石棉沥青防水涂料、膨润土沥青乳液防水涂料，其液面高度不得大于 800 mm，加盖密封。

（3）溶剂型弹性沥青防水涂料的规格一般为 20 kg、25 kg、50 kg、200 kg 等，采用桶装，特殊规格的包装可由供需双方商定。

（4）包装桶应有牢固的标志，标签上应注明的内容包括：产品的牌号、型号，产品的名称、批号、颜色，产品的净重，制造（生产）日期，储存有效期，生产厂家名称、地址、电话，储存和运输注意事项。此外，还应附有产品合格证。

2. 防水涂料的运输要求

（1）产品在运输和装卸的过程中，应注意轻拿轻放，按类别、品种和批号、颜色排放整齐，并应绑扎牢固，以防止涂料容器的窜动和坠落。涂料容器不能倒置，不能遗失标签。

（2）在运输过程中，应防止雨淋和阳光直接暴晒。

（3）产品在铁路运输中，应按照我国铁路《化学危险品运输暂行条例》的有关规定，办理托运手续。

（4）涂料按其危险程度分类如下：

1）易燃危险品。含溶剂较多的涂料、稀释剂、防潮剂等。

2）一般危险品。各种底漆、厚漆和腻子等。

3）普通化学品。各种水乳型防水涂料。

3. 涂料的储存要求

（1）防水涂料应储存在阴凉、通风和干燥的库房内，防止雨淋和日光直接暴晒，并应杜绝火源，远离热源。涂料的保存温度一般可控制在 5～25℃，因而应注意冬季防冻。

（2）涂料进库，要进行分类登记，填写产品名称、类别、型号、件数、质量、生产厂家、出厂日期、储存保管有效期、存放位置等登记卡，以便清查和选用。

（3）库房重地严禁烟火，严禁他人随便出入。电气开关、设备和照明设备应有防爆罩，以免电器在使用中或发生故障时引燃涂料，库房区应按规定配足消防设备。

（4）不允许在涂料仓库内调配涂料，以免易燃、易爆、有毒气体挥发逸散到仓库的空间内，造成安全事故。涂料桶必须密封，不得有裂缝或开口，更不允许将涂料存放于敞口容器中。

（5）应有严格的领发料制度，按计划发放涂料，施工现场不宜存放过多的涂料和稀释剂。

（6）涂料产品在规定的储存条件下，如果超过了有效储存期，应按照产品的技术标准的规定进行各项指标的检验，如检验结果符合技术标准的有关规定，仍可继续使用，不符合要求的涂料应及时进行处理。

（7）对仓库管理人员应进行安全与防火知识培训，要求能熟练使用各种消防器材，并应定期进行检查，消除隐患。

练 习 题

1. 填空题

（1）根据涂料的液态类型，可把防水涂料分为________、________、________三种。

（2）根据组分不同，防水涂料一般可分为________和________两类。

(3) 根据构成涂料的主要成分不同，可分为________和________、________、________四大类。

(4) 涂料的保存温度一般可控制在________范围内，因而应注意冬季防冻。

2. 简答题

(1) 简述溶剂型防水涂料的特性。

(2) 简述涂料的储存要求。

模块四　其他防水材料

知识技能要求

了解建筑密封材料和刚性防水材料的性能。

一、建筑密封材料

在建筑工程施工中，常常会出现大量的建筑结构缝和施工缝。伴随着结构缝对防水和节能要求的不断提高，解决水密、气密的良好办法是对这些设计上有意安排和施工中产生的施工缝、结构缝、板缝、门窗缝以及各类接点等接缝部位填充建筑密封材料。

建筑密封材料是指能承受接缝位移以达到气密、水密目的而嵌入建筑接缝中的定型和非定型的材料。

1. 密封材料的分类

(1) 按照材料外观形状分类，如图 2—4 所示。

- 密封材料
  - 非定型密封材料
    - 合成高分子密封材料
      - 聚氨酯密封膏
      - 聚硫密封膏
      - 有机硅建筑密封膏
      - 丙烯酸酯建筑密封膏
      - 氯磺化聚乙烯建筑密封膏
    - 改性沥青密封材料
      - SBS沥青弹性密封膏
      - 沥青橡胶防水嵌缝膏
      - 沥青桐油废橡胶嵌缝油膏
      - 聚氯乙烯建筑密封材料
  - 定型密封材料
    - 遇水非膨胀型定型密封材料
      - 聚氯乙烯胶泥防水带
      - 塑料止水带
      - 止水橡皮及橡胶止水带
      - 自粘性橡胶密封条
    - 遇水膨胀型定型密封材料
      - SPJ型遇水膨胀橡胶
      - BW遇水膨胀止水条

图 2—4　密封材料的分类

（2）按照材质分类，可将建筑密封材料分为改性沥青密封材料和合成高分子密封材料两大类，常用品种见表2—14。

表2—14　　常用密封材料的品种

材料类别	材料品种
改性沥青密封材料	建筑防水沥青嵌缝油膏
合成高分子密封材料	聚氨酯建筑密封膏
	丙烯酸酯建筑密封膏
	丁基建筑密封膏
	硅酮密封膏
	聚硫建筑密封膏

目前，性能优良的高分子密封材料，如丙烯酸酯建筑密封膏、聚硫建筑密封膏、聚氨酯建筑密封膏、硅酮密封膏，已成为主导产品，代表了密封材料的发展方向。

2．密封材料应具备的基本性能

（1）应具有良好的弹塑性、不透水性和不透气性。

（2）应具有良好的收缩性，能长期抵御外力的影响（温度、湿度、风力、振动等），经受建筑物及构件因温度、风力、地震、振动等作用引起的接缝变形的反复变化。

（3）应具有良好的黏结性、施工性、抗下垂性，使被黏物之间形成防水连续体，不剥离。

（4）应具有良好的耐候、耐热、耐寒等性能，能抵御自然环境因素的作用（日晒、风雪等），并保持原有的性能。

3．密封材料的储运和保管

（1）密封材料运输，应有可靠的防止雨淋和暴晒的措施，并按有关规定办理运输手续。

（2）密封材料的储运、保管应避开火源、热源，避免日晒、雨淋，防止碰撞，保持包装完好无损。

（3）进场密封材料应抽样复验，合格后方可入库。

（4）按规格分类储放在通风、阴凉的室内，环境温度不应低于5℃。

（5）仓库内应设有一定数量的消防器材，易燃、易爆物品应在其旁加设一定数量的灭火装置。

二、刚性防水材料

刚性防水材料是指以水泥、砂、石子为原料或掺加少量外加剂、高分子聚合物等材料，通过合理调整水泥砂浆、混凝土的配合比，减少或抑制孔隙率，改善孔隙结构特性，增加各材料界面间的密实性等方法配制而成的具有一定抗渗能力的水泥砂浆、混凝土两大类防水材料。

1．原材料

刚性防水层所用的主要原材料有水泥、砂石、外加剂等，详见表2—15。

表 2—15　　刚性防水层的主要材料

类别	材料名称	作用	备注
胶凝材料	水泥	（1）在空气和水中硬化，把砂、石子等材料牢固地胶结在一起，使混凝土（或砂浆）的强度不断增长 （2）膨胀水泥使混凝土在硬化过程中产生适度膨胀	强度等级不宜低于 32.5 级
骨料	砂、石子	（1）起骨架作用，使混凝土具有较好的体积稳定性和耐久性 （2）节省水泥、降低成本	
外加剂	减水剂、防水剂、膨胀剂等	在拌制混凝土时掺入，用以改善混凝土的性能	掺量一般不大于水泥质量的5%（特殊情况除外）
金属材料	钢筋、钢丝、钢纤维	（1）增加混凝土防水层的刚度和整体性 （2）提高防水层混凝土的强度，抑制细微裂缝的开展，提高抗裂性能	
块体材料	粘土砖，保温、防水块体等	与防水砂浆形成防水薄壳面层	
粉状憎水材料	拒水粉等	作防水层，可起到防水、隔热、保温作用	

刚性防水材料按其胶凝材料的不同可分为两大类：一类是以硅酸盐水泥为基料，加入无机或有机外加剂配制而成的防水砂浆、防水混凝土，如外加剂防水混凝土，聚合物砂浆等；另一类是以膨胀水泥为主的特种水泥为基料配制的防水砂浆、防水混凝土，如膨胀水泥防水混凝土等。

2. 刚性防水材料的特点

（1）具有较高的压缩强度、拉伸强度及一定的抗渗透能力，是一种既可防水又可兼作承重、围护结构的多功能材料。

（2）可根据不同的工程构造部位，采用不同的做法：

1）工程结构自身采用防水混凝土，使结构承重和防水功能合为一体。

2）在结构层表面加做薄层钢筋细石混凝土、掺有防水剂的水泥砂浆面层及掺有高分子聚合物的水泥砂浆面层，以提高其防水、抗裂性。

3）地下建筑物表面及储水、输水构筑物表面，用水泥浆和水泥砂浆分层抹压。

4）屋面可用钢筋细石混凝土、预应力混凝土及补偿收缩混凝土铺设，接头部位或分格缝处用柔性密封材料嵌填，形成一个整体刚性防水体系的屋面。

（3）抗冻、抗老化性能能满足耐久性要求，其耐久年限应在 20 年以上。

（4）材料易得、造价低廉、施工简便，且易于查找渗漏水源，便于进行修补，综合经济效果较好。

（5）一般为无机材料，不燃烧、无毒、无异味，有透气性。

（6）刚性防水材料也有一些缺点。因为它是一种脆性材料，所以抗拉强度很低，常因材料干缩、地基不均匀沉降、振动、温度差等因素而导致开裂；材料自重过大，在屋面工程中对主体结构造成一定的影响。

3. 刚性防水材料的运输与储存

（1）水泥、粉状憎水材料应用牛皮纸袋、化纤编织袋或塑料袋等包装。储存时应防止受潮，库房要求干燥，地面应比室外地面高出 300 mm 以上，库房四周应有排水沟，屋顶和外墙不得漏水。一般水泥存放期不得超过 3 个月，膨胀水泥存放期不得超过 2 个月。散装水泥宜采用散装水泥罐车运输并应储存于密封的能上进下出的罐体中。

（2）水泥应按品种、批号、出厂日期分别运输和堆放。堆放时四周离墙 300 mm 以上，堆放高度不宜超过 10 袋，堆宽以 5 ~ 10 袋为限，每堆不宜超过 1 000 袋，堆垛之间应留有宽 1 m 以上的走道。

（3）砂石堆场应平整、清洁，无积水，按品种、粒径分别运输和堆放。

（4）钢筋堆放场地应平坦、坚实，四周应有一定的排水坡度，或挖排水明沟，防止场地积水。钢筋堆放时下面应垫以垫木，钢筋离地不宜小于 200 mm，也可用钢筋堆放架来堆放钢筋。钢筋不要和酸、盐、油等物品混合存放，也不能堆放在产生有害气体的车间附近，以防腐蚀钢筋。

（5）外加剂应分类保管、存放于阴凉、通风、干燥的仓库或固定场所，不得混杂，并设有醒目标志，以易于识别，便于检查，运输过程中应轻拿轻放，防止损坏包装袋或容器，并避免雨淋、日晒和受潮。

（6）块材堆放场地要求地基坚实、平坦、干净，四周设排水沟，垛与垛之间留有走道，以便于搬运。搬运时应轻拿轻放，严禁上下抛掷，保持棱角整齐，防止损坏。

三、堵漏止水材料

地下防水工程出现渗漏现象时，常使用堵漏止水材料进行防水修补工作。堵漏材料在短时间内可凝固。

常用的堵漏材料有两大类，即堵漏剂和灌浆材料。

1. 堵漏剂

目前常用的是各种粉类堵漏剂，如无机高效防水粉等。这是一种水硬性无机胶凝材料，与水调和后具有防水防渗性能。

2. 灌浆材料

灌浆材料主要有水泥类灌浆材料和化学灌浆材料之分。水泥类灌浆材料主要有水泥浆、水泥砂浆等；化学灌浆材料主要有聚氨酯灌浆材料、丙烯酰胺灌浆材料和环氧树脂灌浆材料等。

练　习　题

1. 填空题

（1）建筑密封材料按照材料外观形状可以分为________和________两大类。

（2）按照材质分类，可将建筑密封材料分为________和________两大类。

（3）密封材料应按规格分类储存在通风、阴凉的室内，环境温度不应低于____。

(4) 一般水泥存放期不得超过________，膨胀水泥存放期不得超过________。

(5) 常用的堵漏材料有两大类，即________和________。

2. 简答题

(1) 密封材料应具备哪些基本性能?

(2) 刚性材料水泥如何储存?

第三单元　防水施工机具

知识技能要求

1．熟悉常见的防水施工工具的用途。

2．掌握热熔卷材施工机具和热焊卷材施工机具的使用要求。

常用的防水施工机具可分为四大类：一般施工机具、热熔卷材施工机具、热焊接卷材施工机具和堵漏施工机具。由于施工机具品种较多，用途各异，应做好工具配套、准备工作。

一、一般施工机具

一般施工机具的名称、主要用途见表 3—1，其外形示意图如图 3—1 所示。

表 3—1　　一般施工机具的名称、主要用途

序号	名　称	主要用途	备　注
1	小平铲（腻子刀）	软的适合调制弹性密封膏，硬的适合清理基层	软硬两种
2	扫帚	清扫基层	规格同一般生活日用品
3	拖把	清理基层	规格同一般生活日用品
4	皮老虎（皮风箱）	用于清扫接缝内的灰尘	
5	钢丝刷	清理基层灰浆	
6	油漆刷	刷涂基料	
7	铁桶、塑料桶	装盛溶剂及涂料	
8	电动搅拌器	搅拌糊状材料	可用手电钻改制
9	嵌填工具	用于嵌填衬垫材料	规格可按缝深用竹或木自制
10	压辊	用于卷材施工压边	规格为 $\phi40$ mm×100 mm，钢制
11	油漆刷	用于涂刷油漆	
12	滚动刷	用于涂刷打底料、胶黏剂	规格为 $\phi60$ mm×125 mm，$\phi60$ mm×250 mm
13	空气压缩机	用于清理基层灰尘及热熔卷材施工，拖动其他机械	
14	鸭嘴壶	浇灌沥青胶结料	
15	刮板（木、铁皮、胶皮）	刮涂防水涂料，如聚氨酯、“堵漏灵”等	胶皮刮板不能刮涂含溶剂的涂料
16	手（气）动挤压枪	嵌填筒装密封材料	
17	磅秤	称量防水材料	
18	长把刷	涂刷防水涂料	长度自定
19	镏子	密封材料表面修整	
20	铁皮刮板	用于复杂部位刮混合料	
21	皮卷尺	用于度量尺寸	
22	钢卷尺	用于度量尺寸	
23	橡胶刮板	用于刮混合料	
24	油锅	用于熔熬热沥青	自制
25	锅灶	加热油锅	
26	灌浆泵	灌注防水材料	

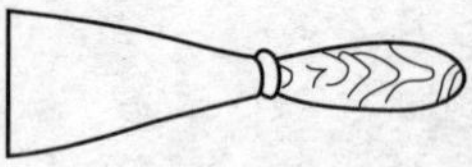
a)小平铲（腻子刀）

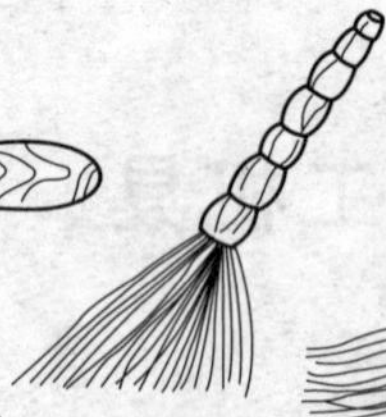
b)扫帚

c)拖布

d)皮老虎

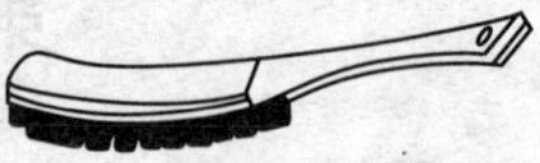
e)钢丝刷

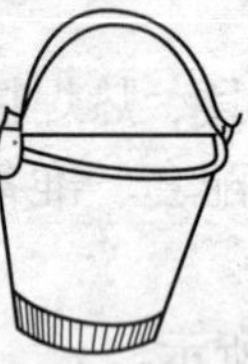
f)铁桶、塑料桶

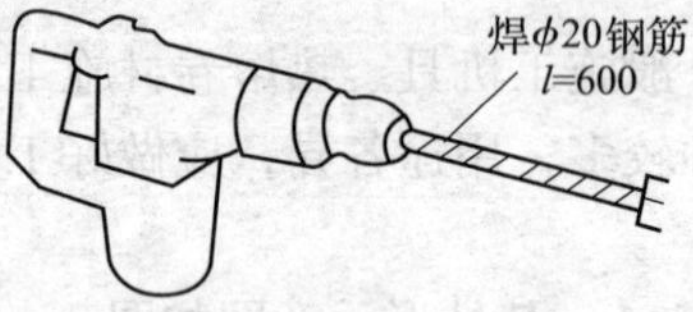

g)电动搅拌器

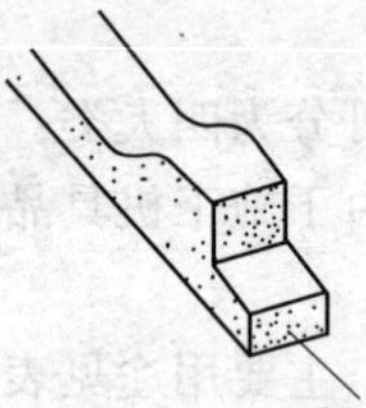

h)嵌填工具

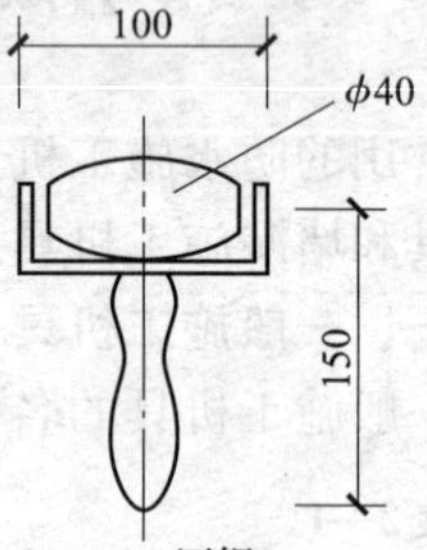

i)压辊

j)油漆刷

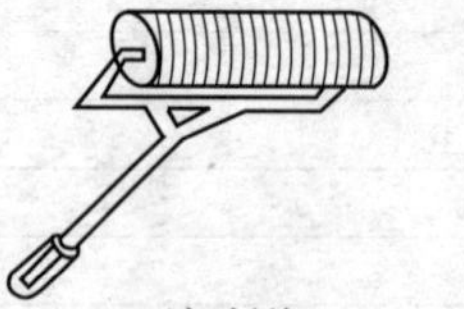
k)滚动刷

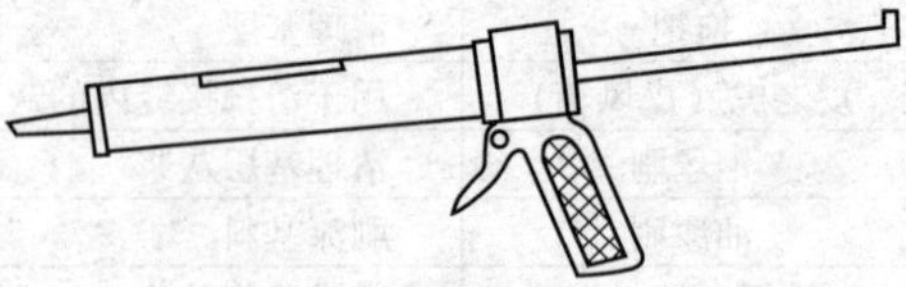
l)手动挤压枪

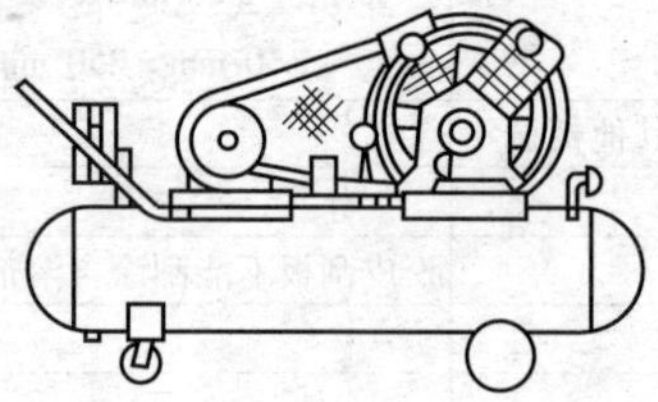
m)空气压缩机

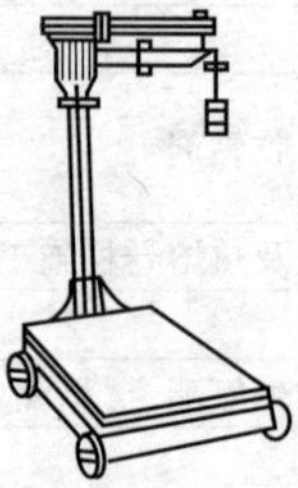
n)磅秤

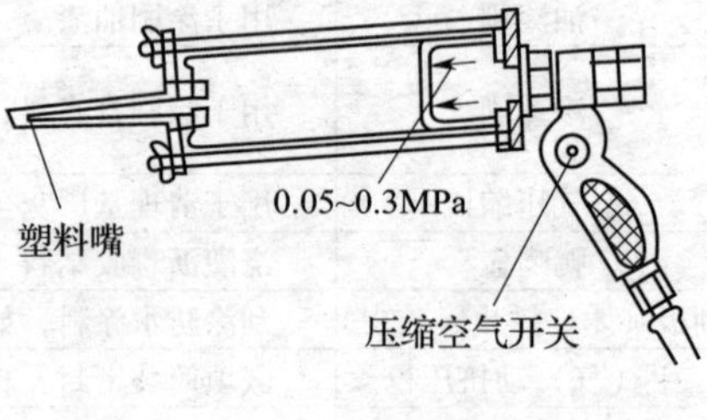

o)气动挤压枪

p)长把刷

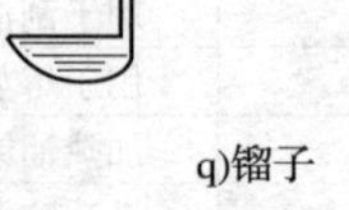

q)镏子

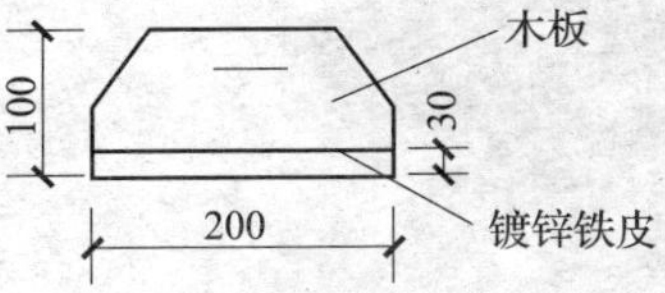

r)铁皮刮板

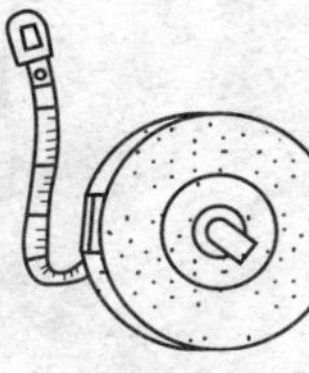

s)皮卷尺

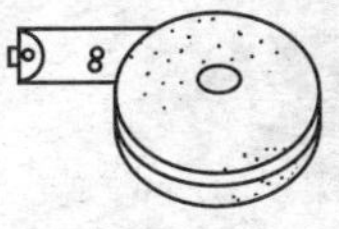

t)钢卷尺

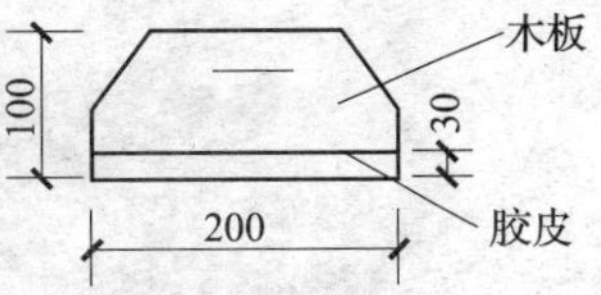

u)橡胶刮板

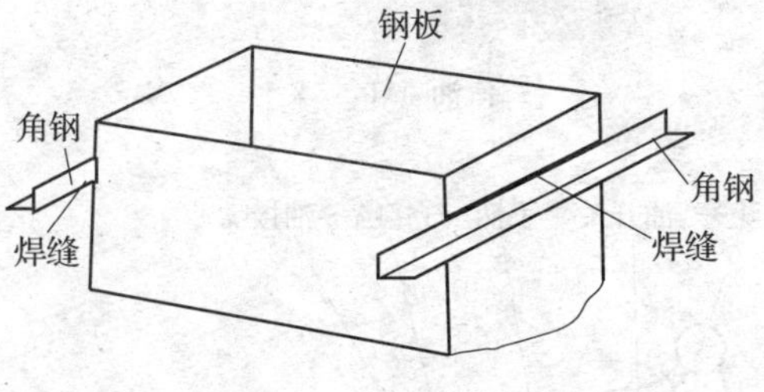

v) 油锅

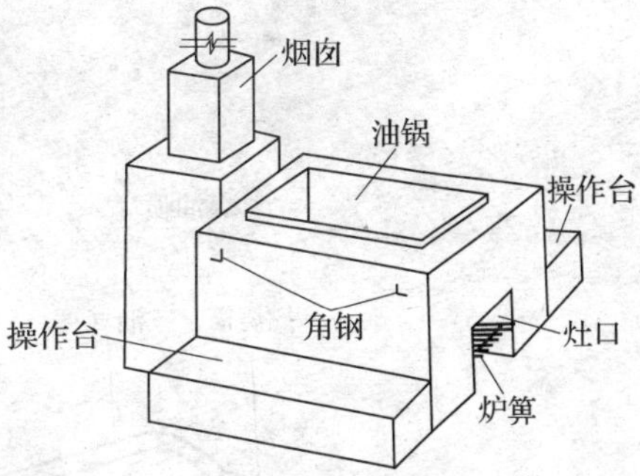

w) 锅灶

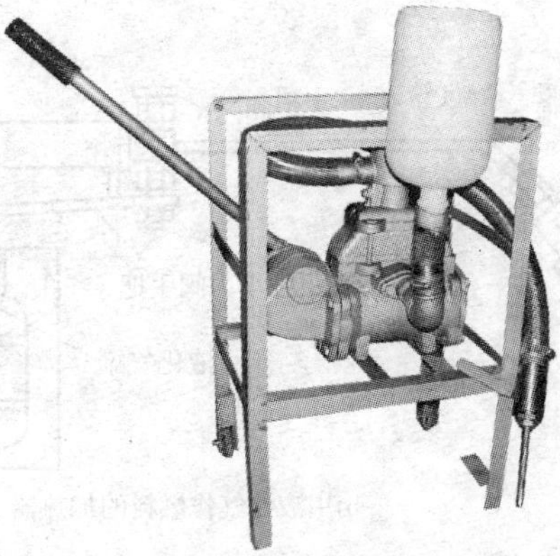

x)手掀泵灌浆机

图 3—1　一般施工机具的外形示意图

二、热熔卷材施工机具

一般热熔卷材施工机具见表 3—2，其外形如图 3—2 所示。

表 3—2　　**热熔卷材施工机具**

序号	名　称	主要用途	备　注
1	喷灯	用于热熔卷材	燃料：煤油、汽油
2	火焰喷枪	加热改性沥青卷材，粘贴面层和基层	汽化油火焰枪 AD－Y－02、 石油液化气火焰枪 AD－Q－01、 石油液化气火焰枪 AD－Q－02、 石油液化气火焰枪 AD－Q－03

煤油喷灯

汽油喷灯

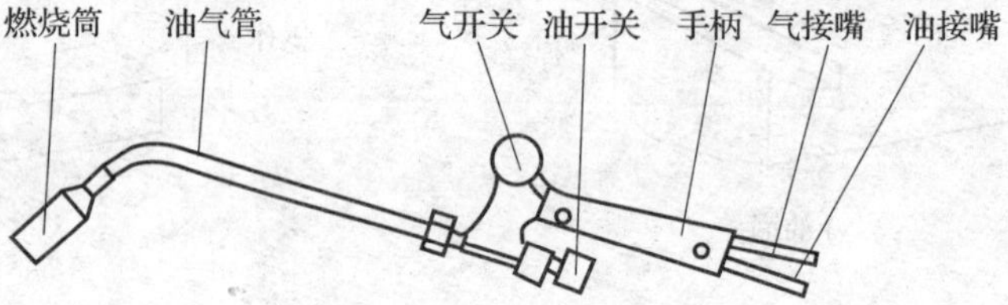

a)燃烧器

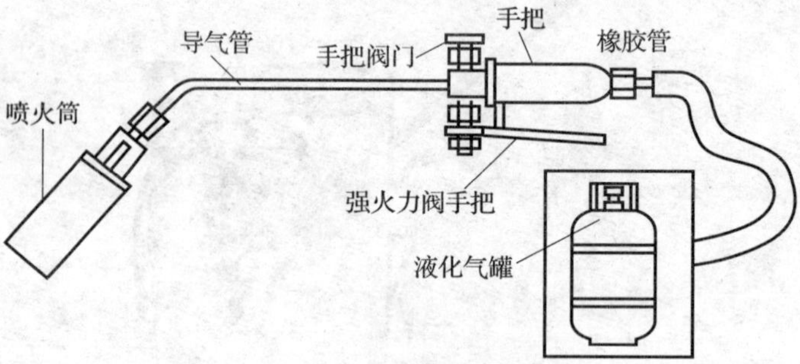

b)用液化气作燃料的加热器

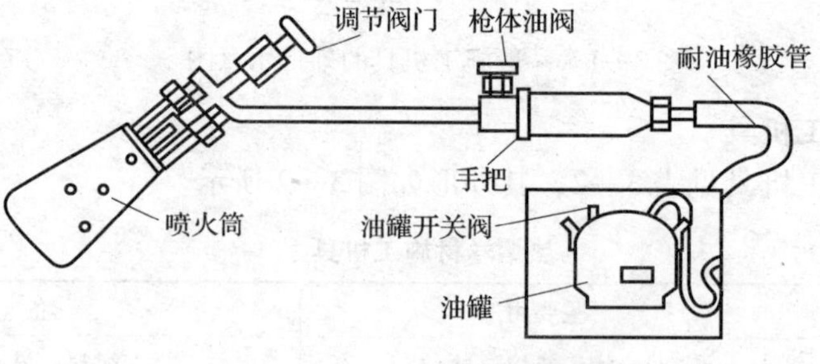

c)用汽油作燃料的加热器

图 3—2　一般热熔卷材施工机具

1. 喷灯（喷火灯、冲灯）

用于热熔卷材施工，是将卷材的黏结面材料加热，使之呈熔融状态，给予一定外力后，使卷材与基层、卷材与卷材之间黏结牢固。

施工时，将汽油喷灯点燃，手持喷灯加热基层与卷材的交界处。喷灯距交界处约 0.3 m，要往返加热，使卷材加热均匀，趁卷材熔融时向前滚铺，随后用自制工具将其压实。

2. 火焰喷枪

火焰喷枪也称微型燃烧器，是由燃烧器和供油罐两部分组成的，同时配备一台空气压缩机。即由空气压缩机将供油罐内的油增压，使之成为油雾，点燃油雾，使燃烧器发出火焰，加热卷材与基层，使卷材达到熔融状态，同时给予外力，使卷材与基层、卷材与卷材之间黏结牢固。

（1）使用方法

1）正确连接微型燃烧器与供油罐油路与气路后，启动空气压缩机，当空气压缩机压力不小于 0.5 MPa 时，立即打开总气管接嘴开关，供油罐内压力迅速上升，但不得超过 0.7 MPa。

2）检查燃烧器油路和气路，不准有漏油、漏气现象。点燃一小块油布，微开油路和气路开关，当燃烧筒喷出油雾时，靠近点燃的油布，立即点燃油雾。然后，可以打开油路开关，再开大气路开关，调整火焰的长度。油雾的空气压力达到 0.3 ~ 0.5 MPa 为最佳，火焰要呈圆锥状紫红色，在燃烧筒出口处为淡蓝色。这时不会产生回火现象，安全性非常好。不允许冒黑烟。

停止工作与启动点火的程序相反。

（2）注意事项

1）燃烧器的油路开关不可猛开猛关，以免熄火。

2）燃烧器在运输、储运及使用时要妥善保护，不可乱扔、乱摔、随便拆卸或做其他工具用。尤其是燃烧筒在工作时，温度较高，更不准碰撞，以免产生变形或漏油漏气而影响火焰形状及危及安全。

3）供油罐内压力应在 0.3 ~ 0.7 MPa，小于 0.3 MPa 时，燃烧器工作不正常，最大不得大于 0.7 MPa。

4）供油罐在运输或不用时，应打开接气开关及下部的放油口，将余油放出，使供油罐呈放空状态。要将存油排干净，以免发生危险。

5）供油罐每年定检一次，每次用完须随检，发现隐患及时上报并排除。

6）气路只准使用压缩空气，不准使用其他气体。

三、热焊接卷材施工机具

进行 PVC 防水卷材热压焊接时，两片 PVC 卷材搭接处长度为 40 ~ 50 mm，通过焊嘴吹热风加热，利用热塑性塑料的受热变化特点使卷材边缘部分达到熔融状态，然后用滚筒、手压辊均匀施加压力，使其焊接为一体。

1. 热压焊接机构造

热压焊接机构造如图 3—3 所示。

2. 操作程序

（1）检查焊机、焊枪、焊嘴等是否齐全、安装牢固。

（2）总启动开关合闸，接通电源。

（3）先开焊枪开关，调节电位旋钮，由零转到合适的功率，要逐步调节，使温度达到要求，预热数分钟。

（4）打开电动机开关，用手柄控制运行方向，开始热压焊接施工。

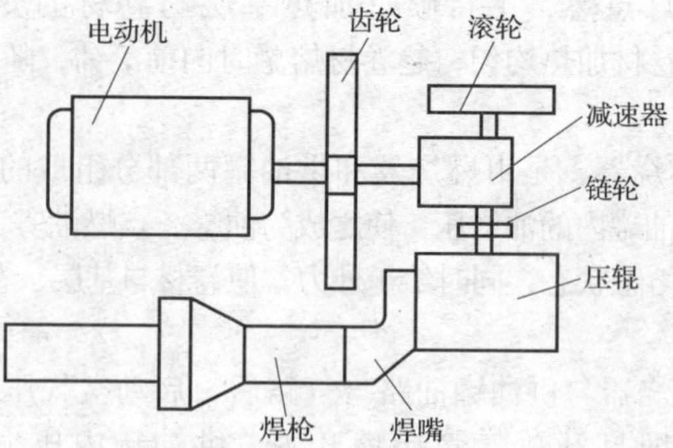

图 3—3　热压焊接机构造

（5）焊接完毕，先关闭热压焊接机的电动机开关，然后旋转焊枪的旋钮，使之到 0 位，经过几分钟后，再关闭焊枪的开关。

3. 注意事项

（1）热压焊机停机后，不准在地面上拖拉，不准存放在潮湿地方，要轻拿轻放。

（2）热压焊机工作时，严禁用手接触焊嘴，以免烫伤。

（3）严格按操作程序使用，不得擅自乱动。

（4）每次用完后要关掉总闸。

（5）施工时，不允许穿带钉子的鞋进入现场。

（6）设专人操作、保养。

四、堵漏止水工具

1. 便携式电动高压灌浆机

便携式电动高压灌浆机（见图 3—4）要求施工快速，可在数秒内将工作压力提升至 0 ~ 10 000 psi①。持续增压，药剂可有效灌至深处细微裂缝及蜂巢，有效填补结构体裂缝及蜂巢。适用材料为聚氨酯发泡注浆料、环氧树脂、无颗粒状低黏度液体。

2. 便携式电动低压灌浆机

便携式电动低压灌浆机（见图 3—5）是化学灌浆防水堵漏的必备工具，要求具有体积小、重量轻、不用电、结构简单、操作灵活、性能可靠、清洗方便等特性，广泛用于单组分化学灌浆工程，能在几十分钟内快速封堵各种建筑工程的渗漏水，操作人员使用时简便易学。

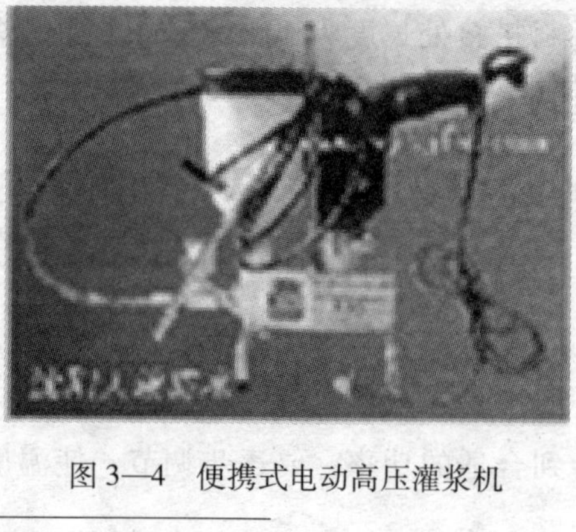
图 3—4　便携式电动高压灌浆机

图 3—5　便携式电动低压灌浆机

① 1 psi = 6.895 kPa

练习与实训

一、练习

1. 常用的防水施工机具可分为四大类：____________、____________、____________和____________。

2. 一般热熔卷材施工机具有____________、____________两种。

二、实训与指导

识别防水施工机具

1. 实训目的

通过实训掌握防水施工机具的名称及用途。

2. 实训内容

四人为一组，完成实物与图片（包含录像）防水施工机具的识别与判断。

3. 实训准备

（1）图像准备。防水施工机具图片（至少30副）、防水施工录像。

（2）实物准备。根据教材内容准备一般防水施工机具、热熔卷材防水施工机具若干。

4. 实训步骤

（1）叙述防水施工机具的分类及用途。

（2）识别防水施工机具。

（3）识别防水施工机具图片。

（4）实训教师的追加提问。

5. 安全注意事项

（1）注意工具的轻拿、轻放，用完要放回原地。

（2）注意录像的截停时间。

6. 施工机具识别评分表

序号	评定项目	评分标准	满分	得分
1	防水施工分类	回答准确、迅速得10分；能够回答出，但不够熟练得7分；经教师提醒引导，能够回答得5分；经提醒不能回答问题得0分	10	
2	实训教师指出五种防水施工机具，让学生回答用途	回答正确，完整，每一种得6分，错一种适当扣1~6分	30	
3	放防水施工录像（出现不多于8种机具）或防水施工机具图片（照片）	说出5种防水施工机具名称及用途，少一种或错一种扣1~6分	30	

续表

序号	评定项目	评分标准	满分	得分
4	实训指导教师追加提问	能够回答实训教师的现场问题，回答准确流利得10分，经提示能够完整回答出问题得7分，经提示回答不完整得5分，答非所问得0分	10	
5	综合操作能力表现及结果	态度正确，与教师积极配合，整个实训过程表现出色得20分；态度很好，积极主动，基本能够完成教师所问的问题得15分；态度一般，基本能够完成本次实训任务得10分；不与实训教师配合，答非所问得0分	20	

第四单元　屋面防水施工

屋面防水施工是指为防止雨水或人为因素产生的水从屋面渗入建筑物所采取的一系列结构、构造和建筑措施。屋面防水施工的做法很多，常见的有屋面卷材防水施工、屋面涂膜防水施工和屋面刚性防水等。

模块一　屋面卷材防水施工

知识技能要求

1. 熟悉屋面防水构造层次。
2. 掌握卷材铺贴的方向要求。
3. 熟悉卷材屋面施工顺序。
4. 掌握屋面构造节点卷材防水处理。
5. 掌握卷材防水施工的施工准备内容。
6. 掌握高聚物改性沥青冷粘铺贴施工工艺过程及内容。
7. 掌握合成高分子卷材冷粘施工工艺过程及内容。
8. 掌握高聚物改性沥青防水卷材热熔工艺过程及内容。
9. 熟悉卷材防水安全技术要求。
10. 熟悉卷材防水层工程质量验收。

卷材防水屋面是指采用防水卷材铺贴的屋面。传统的做法是用热沥青胶结材料将沥青油毡逐层铺贴、黏结而成。现在，多采用热熔型防水卷材通过火焰加热器熔化卷材底部的热熔胶，将防水层铺贴、黏结到屋面找平层上。

一、卷材防水屋面的构造及要求

卷材防水屋面的构造层次如图 4—1 所示。要做好屋面防水层，先要从基层做起，要高标准地把各构造层的施工做好，确保各构造层都能达到合格标准。卷材防水屋面各层次的作用见表 4—1。

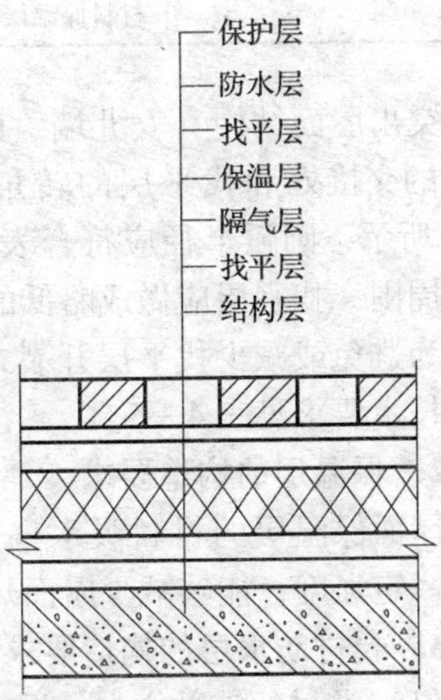

图 4—1　卷材防水屋面的构造层次

1. 找平层的构造要求

屋面找平层应当坚实、平整、干净、干燥，以便铺设隔气层和防水层。干燥程度的简易检验方法是，将 1 m^2卷材平坦地干铺在找平层上，静置 3 ~ 4 h 后掀开检查，找平层覆盖部位与卷材上未见水印即可铺设。

表 4—1　　卷材防水屋面各层次的作用

序号	构造层次	主要作用
1	结构层	承担上部荷载，保证屋面刚度
2	找平层	起找平、找坡或加强作用
3	隔气层	阻隔室内的水汽进入保温层
4	保温层	保温、隔热，减少屋面热量传递
5	找平层	找平基层，利于卷材防水层铺贴
6	防水层	防止降水渗漏到室内影响使用功能
7	保护层	保护防水层，免受外界有害气体、紫外线等的破坏

找平层坡度符合表 4—2 要求，厚度符合表 4—3 的要求。

表 4—2　　坡度要求

平屋面	结构找坡	3%
	材料找坡	2%
天沟、檐沟	1%	
沟底水落差	≤200 mm	

表 4—3　　找平层的厚度和技术要求

类别	基层种类	厚度（mm）	技术要求
水泥砂浆找平层	整体混凝土	15～20	1∶2.5～1∶3（水泥∶砂）体积比，水泥强度等级不低于 32.5 级
	整体或板状材料保温层	20～25	
	装配式混凝土板，松散材料保温层	20～30	
细石混凝土找平层	松散材料保温层	30～35	混凝土强度等级不低于 C20
沥青砂浆找平层	整体混凝土	15～20	1∶8（沥青∶砂）质量比
	装配式混凝土板，整体或板状材料保温层	20～25	

突出屋面结构（女儿墙、山墙、天窗壁、变形缝、烟囱等）的交接处和找平层的转角处，均应做成圆弧形，如图 4—2 所示，圆弧半径应符合表 4—4 的要求。内部排水的水落口周围，找平层应做成略低的凹坑，如图 4—3 所示。

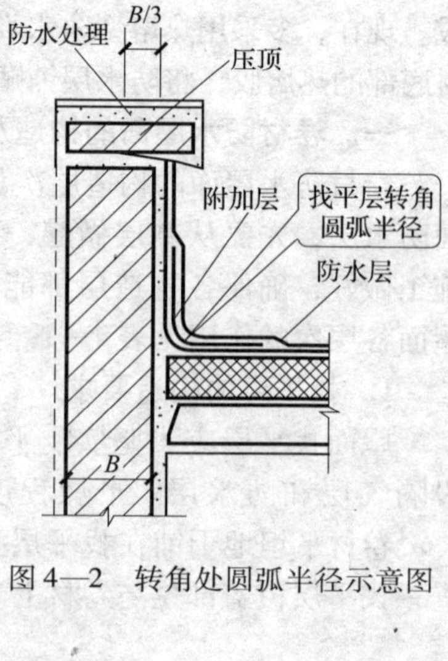

图 4—2　转角处圆弧半径示意图

为避免或减少找平层开裂，找平层宜留设分格缝，分格缝的技术要求见表 4—5。

2. 保温层的构造要求

屋面保温层的材料吸水率低，表观密度和热导率较小，并有一定强度，能够减少屋面热量传递。

3. 卷材防水层的构造要求

（1）卷材的铺贴方向。屋面防水卷材的铺贴方向应根据屋面坡度和屋面是否有振动来确定，应符合表 4—6 中的规定。

表 4—4 **转角处找平层圆弧半径** mm

卷材种类	圆弧半径
沥青防水卷材	100～150
高聚物改性沥青防水卷材	50
合成高分子防水卷材	20

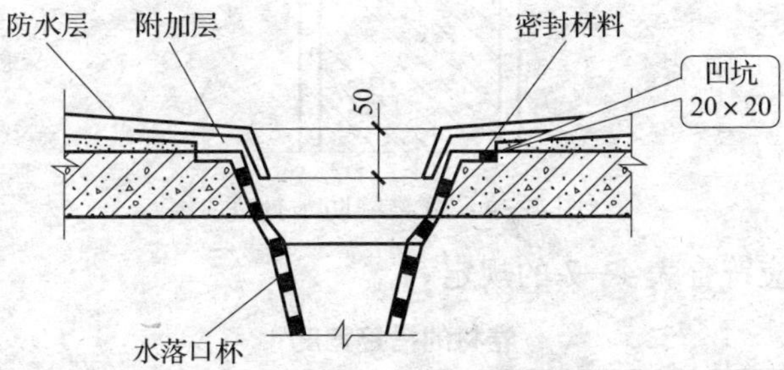

图 4—3 略低凹坑示意图

表 4—5 **找平层分格缝技术要求**

项目	技术要求
缝宽	分格缝宽 5～20 mm；兼做排气道时，分格缝可适当加宽，并与保温层连通
纵横缝的最大间距	水泥砂浆或细石混凝土找平层，不宜大于 6 m；沥青砂浆找平层，不宜大于 4 m
留缝位置	分格缝应留设在板端缝处
防水处理	嵌填密封材料，如图 4—4 所示

表 4—6 **卷材的铺贴方向**

屋面坡度与振动情况	铺贴方向	
	高聚物改性沥青防水卷材	合成高分子防水卷材
坡度小于 3%	平行于屋脊	平行于屋脊
坡度为 3%～15%	平行或垂直于屋脊	平行或垂直于屋脊
坡度大于 15%	平行或垂直于屋脊	平行或垂直于屋脊
坡度大于 25%	垂直于屋脊方向铺贴，并采取固定措施	
屋面受振动	平行或垂直于屋脊	平行或垂直于屋脊
叠层铺贴	上下层卷材不得相互垂直	
铺贴天沟、檐沟	顺天沟、檐沟方向，减少搭接	

（2）卷材搭接要求。卷材搭接的方法、宽度和技术要求应根据屋面坡度、卷材品种和铺贴方法（各种铺贴方法具体内容在后文中介绍）确定。

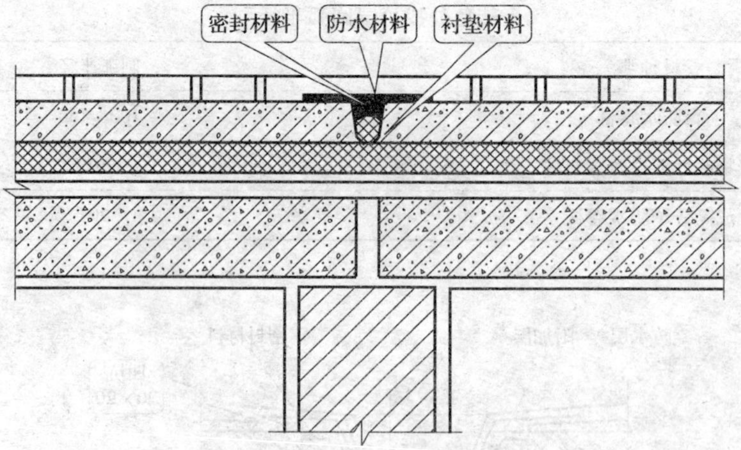

图 4—4　分格缝防水处理

1）卷材搭接宽度应符合表 4—7 的规定。

表 4—7　　**卷材的搭接宽度**　　mm

铺贴方法 卷材种类		短边搭接		长边搭接	
		满粘法	空铺、点粘、条粘法	满粘法	空铺、点粘、条粘法
沥青防水卷材		100	150	70	100
高聚物改性沥青防水卷材		80	100	80	100
合成高分子防水卷材	胶黏剂	80	100	80	100
	胶黏带	50	60	50	60
	单缝焊	60，有效焊接宽度不小于 25			
	双缝焊	80，有效焊接宽度 10×2＋空腔宽			

2）搭接缝的技术要求。上下层卷材不得相互垂直铺贴（垂直铺贴的卷材重合多，容易漏水）；平行于屋脊的搭接缝应顺流水方向，垂直于屋脊的搭接缝应顺年最大频率风向（主导风向）搭接；相邻两幅卷材的接头应相互错开 300 mm 以上，以免多层接头重叠而使得卷材粘贴不密实；叠层铺贴时，上下层卷材间搭接缝应错开，两层卷材铺设时，应使上下两层的长边搭接缝错开 1/2 幅宽，如图 4—5a 所示，三层卷材铺设时，应使上下层的长边搭接缝错开 1/3 幅宽，如图 4—5b 所示；叠层铺设的各层卷材在天沟与屋面的连接处应采取叉接法搭接，搭接缝应错开，接缝应留在屋面和天沟侧面，不宜留在沟底；高聚物改性沥青防水卷材和合成高分子防水卷材的搭接缝宜用材料性能相容的密封材料封严。

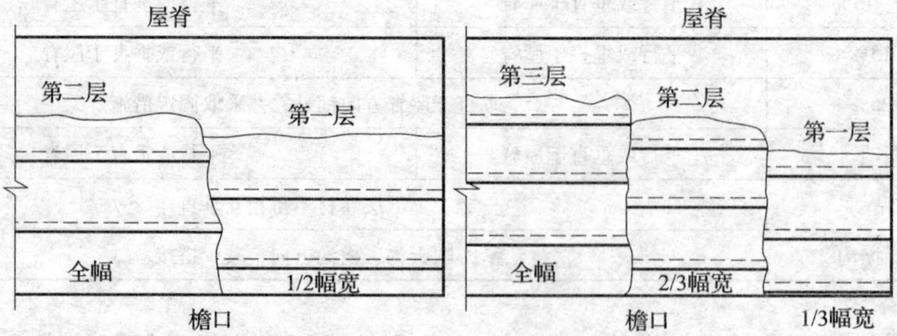

a) 二层的铺设　　b) 三层的铺设

图 4—5　叠层卷材铺设

（3）卷材的铺贴顺序。屋面防水层施工时，应做好节点附加层和屋面排水比较集中的部位（如屋面与水落口连接处、檐口、天沟、檐沟、屋面转角处、板缝等节点处）的处理，然后应遵循“先高后低、先远后近”的施工顺序。即高低跨屋面相连的建筑物应先铺高跨屋面，后铺低跨屋面；在等高的大面积屋面，应先铺离上料点较远的部位，后铺较近的部位，这样在施工操作和材料的运输时，已完成的屋面防水层就不会因受施工人员的踩踏而破坏。

大面积屋面施工时，为提高工效和加强管理，可根据面积大小、屋面形状、施工工艺顺序、人员数量等因素划分流水施工段，进行分段流水施工。施工段的界限宜设在屋脊、天沟、变形缝等处。

二、卷材防水屋面的施工方法和铺贴方法

1. 卷材防水屋面的施工方法

卷材防水层常用的施工工艺方法有热施工法、冷施工法和机械固定施工法三大系列多种做法，见表4—8。各种不同的施工做法有不同的适用范围，因此，施工时应根据不同的设计要求、材料情况、工程具体做法等选定合适的施工方法。

表4—8　　卷材防水屋面的施工方法

施工方法		做法	适用范围
热施工法	热玛琋脂粘贴法	边熬制玛琋脂边滚铺油毡，逐层铺贴	传统施工方法，适用于沥青卷材
	热熔法	采用火焰加热器熔化热熔型防水卷材底部使热熔胶黏结	用于底层有热熔胶的高聚物改性沥青防水卷材（SBS、APP改性沥青卷材）
	热风焊接法	采用热空气焊枪加热防水卷材搭接缝进行粘贴	一般用于合成高分子防水卷材，如PVC卷材的接缝焊接
冷施工法	冷玛琋脂粘贴法	直接喷涂冷玛琋脂进行卷材与基层、卷材与卷材的粘贴，不需加热	用于沥青卷材和高聚物改性沥青卷材
	冷胶黏剂黏结法	采用冷胶黏剂进行卷材与基层、卷材与卷材的黏结，不需加热	用于合成高分子防水卷材、高聚物改性沥青防水卷材
	自粘法	采用带有自粘胶的防水卷材，不用热施工，也不用涂刷胶结材料，施工时撕去卷材底部的隔离纸，靠底面的自粘胶直接粘贴卷材	用于带有自粘胶的合成高分子防水卷材及高聚物改性沥青防水卷材
机械固定施工法	机械钉压法	采用镀锌钢钉或铜钉等固定卷材防水层的施工方法	多用于木基层上铺高聚物改性沥青防水卷材
	压埋法	卷材与基层大部分不黏结，上面用卵石压埋，但搭接缝周边要黏结	用于空铺法、倒置屋面

注：基于常见屋面结构和常用卷材防水屋面施工方法，本书在介绍施工过程时主要运用热施工法和冷施工法两种工艺方法。

2. 卷材防水屋面的铺贴方法

卷材与基层的粘贴方法可分为满粘法、空铺法、条粘法和点粘法等形式。通常都采用满粘法，而条粘法、点粘法和空铺法适合于防水层上有重物覆盖或基层变形较大、找平层干燥有困难的屋面。卷材与基层的粘贴方法见表4—9，铺贴方法如图4—6所示。

表 4—9　　　　　　　　　　　　　卷材与基层的粘贴方法

粘贴方法	定义	技术要求
满粘法	是卷材与基层采用全部粘贴的施工方法	胶黏剂涂刷应均匀，不露底，不堆积；铺贴的卷材下面的空气应排尽，并辊压粘贴牢固
空铺法	是卷材与基层在周边一定宽度内粘贴，其余部分不粘贴的施工方法	铺贴时，应在檐口、屋脊和屋面的转角处及突出屋面的连接处，卷材与基层应满涂交接材料，其粘贴宽度不得小于 800 mm，卷材与卷材的搭接缝也应满粘
条粘法	是卷材与基层采用条状粘贴的施工方法	每幅卷材与基层的粘贴面积不少于两条，每条宽度不小于 150 mm，卷材与卷材的搭接缝应满粘，而防水层周边一定范围内（不得小于 800 mm）也应与基层满粘牢固
点粘法	是卷材或打孔卷材与基层采用点状粘贴的施工方法	每 1 m^2 粘贴不少于 5 个点，每点面积为 100 mm × 100 mm；此时卷材与卷材的搭接缝应满粘，而防水层周边一定范围内（不得小于 800 mm）也应与基层满粘牢固

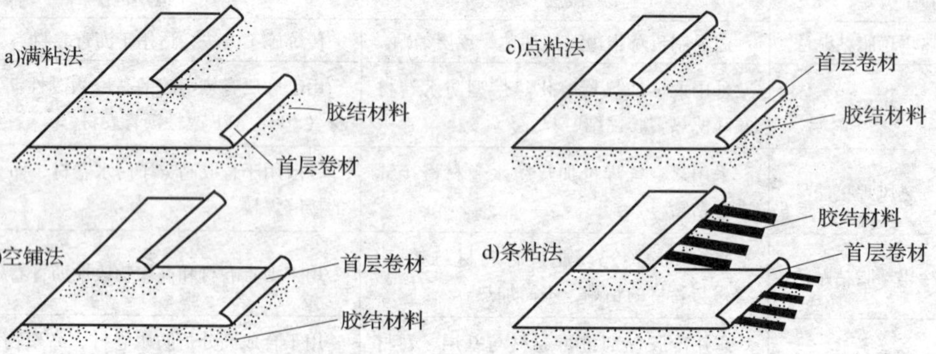

图 4—6　卷材防水层的铺贴方法

三、卷材防水屋面的施工准备

1. 技术准备

屋面卷材防水施工的技术准备主要包括图样的熟悉、施工方案的讨论、对有关人员的技术交底、检验程序的确定以及施工记录填写等项内容。

2. 材料准备

申请采购防水卷材及其配套胶结材料和安全防护用品，材料存放场地、库房的准备，进场防水卷材及其配套胶结材料的外观质量和物理技术性能抽样检验。

屋面工程所采用的防水、保温隔热材料应有产品合格证书和性能检测报告，材料的品种、规格、性能等应符合现行国家产品标准和设计要求。

3. 作业条件准备

（1）现场屋面找平层的排水坡度、表面平整度、表面质量、分格缝的留设和处理、突出屋面结构与屋面基层的连接处以及基层转角处的圆弧半径等均经检查符合质量要求，并且各部位都已清理干净。

（2）水平及垂直运输方法，机具或设施的安排与协调。

（3）屋面上材料临时堆放点的确定与准备。

（4）需明火施工时，办理动火手续，预备必要的消防器材。

（5）选择符合防水卷材施工的气候条件。雨、雪、冰冻天气禁止施工；雾、霜天，应等雾、霜退去，基层晒干后方可施工；五级及其以上大风天气不得施工；气温高于35℃时，施工应尽量避开中午，热熔法施工气温不宜低于－10℃，其他卷材施工气温不宜低于0℃。

（6）根据卷材铺粘的施工方法，准备好相应的机具、工具。

四、卷材防水屋面热施工操作

这里主要介绍高聚物改性沥青防水卷材热熔法施工过程，操作流程（见表4—10）如下：

清理基层→涂刷基层处理剂→节点附加增强处理→定位弹线→热熔铺粘卷材→搭接缝黏结→蓄水试验→保护层施工→检查验收。

表4—10　　卷材防水层面热熔法施工流程

施工操作	图示
清理基层时，找平层表面应压实，排水坡度应符合设计要求。采用水泥砂浆找平层时，水泥砂浆抹平收水后应二次压光，充分养护，不得有酥松、起砂、起皮现象，基层与突出屋面结构（女儿墙、变形缝、烟囱）的连接处，以及基层的转角处（水落口、檐口、阴阳角等）均做成圆弧 水落口周围做成略低的凹坑，四周坡度为3%～5%	 
准备好防水施工机具 基层清理：基层必须坚实平整，如有松动、起鼓、面层凸出、平整度不好或起砂时，必须做剔凿处理。如果基层粗糙，应先抹一层水泥量为10%～15%的108胶水泥砂浆。基层应比较干燥	 
基层含水率检查可在基层上放一块1 m^2的卷材，静止3～5 min后，检查卷材下面有无水珠，如果没有，认为基层含水率符合要求 涂刷基层处理剂的要求如下：大面积喷刷前，应将边角、管根、雨水口等处先喷刷一边，然后大面积喷刷第一遍，要求喷刷均匀无露底，干燥后（一般4 h后，与气候有关）方可铺粘卷材，分隔缝用毛刷或吹风机清除干净后处用油膏嵌固	 

续表

施工操作	图示
在女儿墙，檐沟墙、变形缝、烟囱根、管道根与屋面的交界处及檐口、天沟、雨水口、屋脊等部位铺贴附加层。泛水处卷材要横向铺贴，立面高度和水平面水平宽度尺寸各不小于 150 mm，水落口附加层要分两层来做。附加层要热熔封边 管子根部第一层附加层：选一块比管径大 200 mm 的方形卷材，在中心米字拉开，中破缝，套在管子上，满铺贴在管子底部	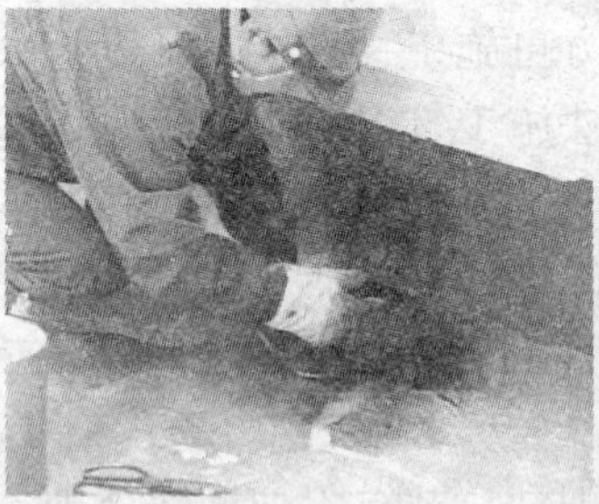 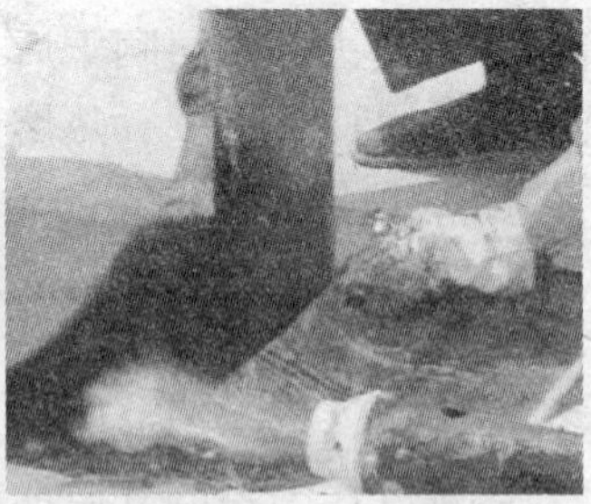
管子根部第二层附加层要根据管子尺寸，长度大于管周长 100 mm、宽度大于 200 mm 的条形卷材，热熔法满粘在管子上 三面阴角铺贴	 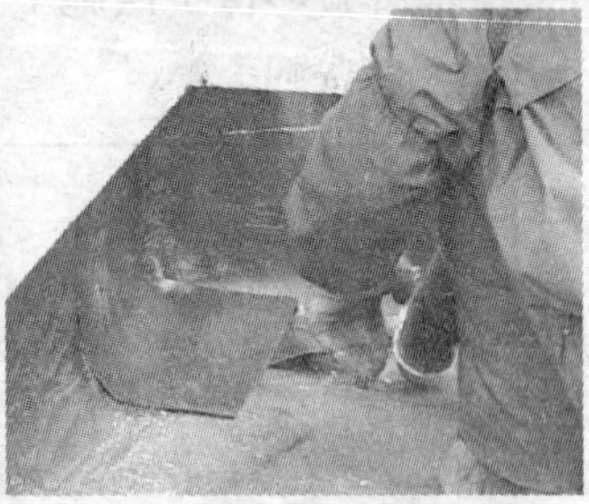
阳角处卷材铺贴，再用一块卷材铺贴在开叉处 大面积铺贴前先弹线，线与线之间的距离根据卷材的宽度而定，而后试铺，卷回，正式铺贴，注意短边和长边的搭接宽度	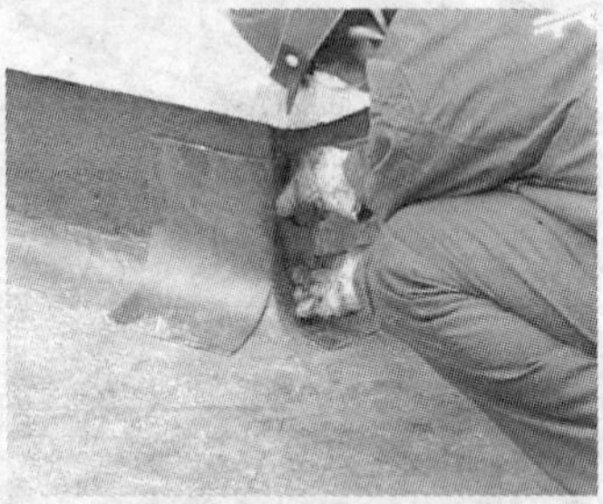 
热熔封边 第二层卷材铺贴时错开的搭接缝不小于 250 mm	 
蓄水试验时蓄水高度根据工程而定，蓄水 24 h 不渗漏为合格 不上人屋面保护层施工可只刷反光涂料	 

续表

施工操作	图示
上人屋面保护层施工，下面铺砂，预制块之间的缝用水泥砂浆灌实	

当基层处理的各项作业、附加层铺设以及定位、弹线试铺等完成后，即可进行卷材热熔铺贴。卷材热熔铺贴的操作方法分为滚铺法和展铺法两种。

1. 热熔法滚铺操作

滚铺法是指卷材不展开，边加热边滚动铺贴。

（1）点燃火焰。慢慢旋开喷枪开关，当听到燃料气喷出嘶嘶声，即可点燃火焰，然后调节开关，使火焰呈蓝色。要求喷枪开关不能开得太大，点火的工人应站在喷头的侧后面，不可正对喷头。

（2）固定端部卷材

1）把成卷的卷材抬至开始铺贴位置，展开卷材 1 m 左右，对好长、短向的搭接缝。

2）把展开的卷材端部由一人拉起（人站在卷材的正侧面），另一人持喷枪站在卷材背面一侧（即待加热底面），将喷枪火焰对准卷材与基面交接处，同时加热卷材底面黏胶层和基层。此时提卷材端头者把卷材稍微前倾，并且慢慢地放下卷材，平铺在规定的基层位置上，如图 4—7 所示。

图 4—7　热熔卷材端部粘贴

3）由另一人用手持压辊排气，并使卷材熔粘在基层上。

4）当熔粘卷材的端头只剩下 30 cm 左右时，应把卷材末端翻放在隔热板上，而隔热板的位置则放已熔粘好的卷材上面，如图 4—8 所示，最后用喷枪火焰分别加热余下卷材和基层表面，待加热充分后，再翻起卷材粘贴于基层上予以固定。

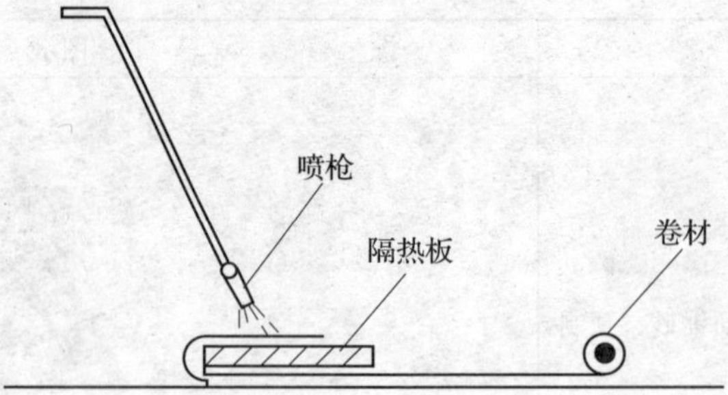

图 4—8　加热卷材末端

（3）卷材大面积铺贴。粘贴好端部卷材后，即可进行卷材大面积铺贴，其操作方法如图 4—9 所示。

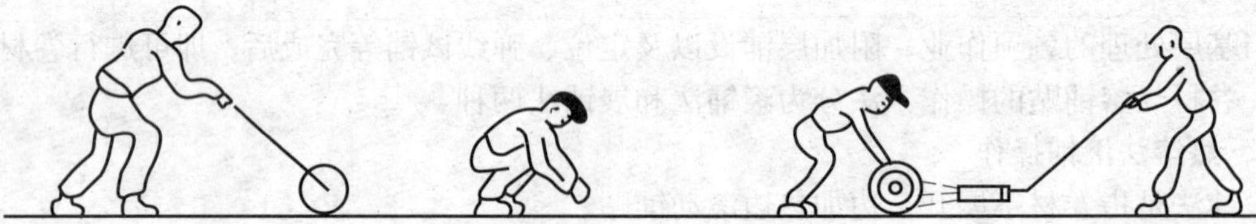

图 4—9　滚铺法铺贴热熔卷材

1）加热。持枪人应站在卷材滚铺的前方，把喷枪对准卷材和基面的交接处，使之同时加热卷材基面。条粘时只需加热两边，加热宽度各为 150 mm 左右。

2）滚铺。推滚卷材者蹲在已铺好的卷材上面，待卷材加热充分后就可缓慢地推压卷材，并随时注意卷材的搭接宽度。

3）排气、收边。排气、收边者紧跟推滚卷材者，用棉纱团从中间向两边抹压卷材，赶出气泡，并用抹刀将溢出的热熔胶刮压抹平。

4）压实。距熔粘位置 1 ~ 2 m 处，另一人用压辊压实卷材。

（4）注意事项

1）要求加热充分、均匀、适度。加热程度控制为热熔胶出现黑色光泽、发亮并有微泡现象，但不能出现大量气泡。加热不够，热熔胶未完全熔化，这时就没有黏性或黏性不够；加热过度，热熔胶将被烧焦而降低或失去黏性，甚至烧坏、烧穿卷材。

2）持枪人要注意喷枪头的位置、火焰的方向和操作手势。喷枪头与卷材面宜保持 50 ~ 100 mm 距离，与基层成 30° ~ 45°。火焰要喷向卷材与基层的交界处，同时加热卷材热熔胶和基层面。如果不加热基层面，溶化的热熔剂一接触基层便会迅速冷却，而影响卷材与基层的黏结力。

3）火焰太高不但对加热有影响，而且会使推滚人员赶到空气闷热、呼吸困难而无法认真操作，还有可能烧伤推滚人员。但火焰也不能太低，太低则大量火焰用于加热基层面，使热熔胶熔化慢，造成施工速度减慢，浪费燃料。所以持枪工人要随时注意火焰喷射方向和位置。

4）趁热推滚，排尽空气。卷材被热熔粘贴后，要在卷材尚处于较柔软时，就及时进行滚压。滚压太迟，卷材冷却变硬，胶黏剂黏性变差，难以压实牢固；滚压太早，卷材太柔软则容易压破卷材。滚压时间可根据施工环境、气候条件调节掌握。气温高冷却慢，滚压时间宜稍迟；气温低冷却快，滚压宜提早。一般可用脚踩试验，脚踏时不陷脚，但感觉还软时，即可快速滚压。滚压时，应排尽卷材黏结层间的空气。

5）推滚用力适度。在滚铺法施工时，操作人员在推滚时要适当用力按压卷材，使卷材与基层面紧密接触，排除空气，粘贴牢固。按压时用力也不宜太大，以免压扁卷材，或难以推滚。

6）加热喷枪数量。在一般情况下，一把喷枪就可满足一副卷材加热的需要；若在低温时施工，也可采用两把喷枪，各负责加热半边卷材。但喷枪数也不能过多，否则会造成操作混乱，浪费人力物力。

7）卷材末端铺贴。当卷材滚铺到离末端 1 000 mm 时，应按前述“固定端部卷材”的方法进行操作，务使卷材粘贴牢固。另外，如采用条粘法铺贴卷材时，在加热卷材两侧边的同时，还应稍稍加热中间部位，使卷材变软而易于平服地铺贴在基层上，避免空铺部位空气难以排尽。

2．热熔法展铺操作

展铺法是先把卷材平展铺于基层表面，再沿边缘掀起卷材加热卷材底面和基层表面，然后将卷材粘贴于基层上。

展铺法主要适用于条粘法铺贴卷材，其施工操作方法如下：

（1）展铺卷材。先把卷材展铺在待铺的基面上，对准搭接缝，用与滚铺法相同的方法熔贴好开始端部的卷材。若整幅卷材不够平服，可把另一端（末端）卷材卷在一根30 mm×1 500 mm 的木棒上，由 2 ~ 3 人拉直整幅卷材，使之无皱褶、波纹并能平服地与基层相贴。当卷材对准长边搭接缝的弹线位置后，由一人站在末端卷材上面作临时固定，以防卷材回缩。

拉直卷材的作用是防止卷材皱褶及偏离搭接位置，而造成相邻两幅卷材搭接不均匀；同时也使卷材尽量平服以少留空气。

（2）熔贴卷材。固定好卷材末端后，从始端开始熔贴卷材。操作时，在距开始端约 1 500 mm的地方，由手持喷枪的工人掀开卷材边缘约 200 mm 高（其掀开高度以喷枪头易于喷热侧边卷材的底面胶黏剂为准），再把喷枪头伸进侧边卷材底部，开大火焰，转动枪头，加热卷材边宽约 200 mm 的底面胶和基面，边加热边沿长向后退。另一人拿棉纱团，从卷材中间向两边赶出气泡，并将卷材抹压平整。最后一人紧随其后及时用手持压辊压实两侧边卷材，并用抹刀将挤出的胶黏剂刮压平整，如图 4—10 所示。

图 4—10　展铺法铺贴热熔卷材

当两侧边卷材热熔粘贴只剩下末端 1 000 mm 长时，与滚铺法一样，熔贴好末端卷材。这样每幅卷材的长边、短边均能粘贴于屋面基层上。

3. 热熔法搭接缝黏结密封

（1）熔烧搭接缝隔离层。热熔卷材表面一般都有一层防粘隔离层，如把它留在搭接缝间，则不利于搭接黏结。因此，在热熔黏结搭接缝之前，应先将下一层卷材表面的防粘隔离层用喷枪熔烧掉，以利搭接缝黏结牢固。

操作时，由持喷枪的工人拿好烫板柄，把烫板沿搭接粉线向后移动，喷枪火焰随烫板一起移动，喷枪应紧靠烫板，并比卷材的位置高 50 ~ 100 mm，如图 4—11 所示。喷枪移动速度要控制合适，以刚好熔去隔离层为准。在移动过程中，烫板和喷枪要密切配合，切忌火焰烧伤或烫板烫损搭接处的相邻卷材面。另外，在加热时还应注意喷嘴不能触及卷材，否则极易损伤或戳破卷材。

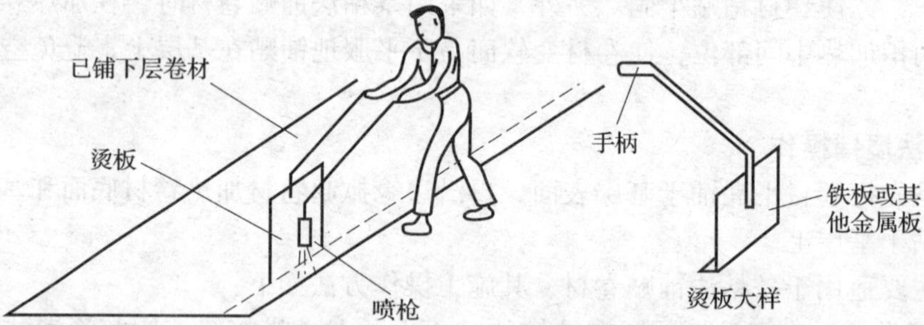

图 4—11　熔烧搭接缝隔离层

（2）加热滚压搭接缝。滚压时，待搭接缝口有热熔胶（胶黏剂）溢出，收边人员趁热用棉纱团抹平卷材后，即可用抹灰刀把溢出的热熔胶刮平，沿边封严。搭接缝溢出的热熔胶宽度以 2 mm 左右并均匀顺直为宜。

（3）短边搭接缝封边。对于卷材短边搭接缝，还可用抹灰刀挑开，同时用汽油喷灯烘烤卷材搭接处，如图 4—12a 所示，待加热至适当温度后，随即用抹灰刀将接缝处溢出的热熔胶刮平、封严，如图 4—12b 所示。

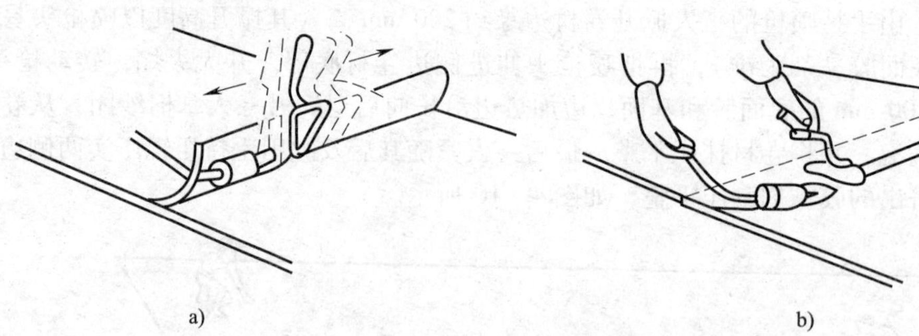

图 4—12　热熔卷材短边搭接缝封边

五、卷材防水屋面冷施工法施工

1. 沥青卷材冷玛瑶脂铺贴施工

沥青防水卷材冷玛瑶脂铺贴施工主要是指采用石油沥青玻璃布防水卷材和石油沥青玻璃

纤维胎防水卷材，以冷玛琋脂或专用冷胶料为胶黏剂的一种防水冷施工方法，施工时的注意事项如下：

（1）冷玛琋脂使用时应搅匀，稠度太大时可加入少量溶剂稀释。

（2）若使用石油沥青纸胎防水卷材时，宜选用双面撒料的卷材，铺设前，先将卷材裁剪成不长于10 m，反卷后平放2～3天，避免铺设时起鼓。

（3）管道根部、水落口、女儿墙、阴阳角等细部构造部位应用玻璃纤维布或聚酯无纺布粘贴作为附加增强层。因为冷玛琋脂一般凝固较慢，若用纸胎卷材粘贴，由于有一定的回弹性，不易粘牢。

（4）铺贴宜用刮油法。将冷玛琋脂倒在基层上，用刮板按弹线部位摊刮，厚度为0.5～10 mm，宽度与卷材宽度相同，涂层要均匀，然后将卷材端部与冷玛琋脂粘牢，随即双手用力向前滚铺，铺后用压辊或压板压实，将气泡赶出。夏季施工时，基层上涂刮冷玛琋脂后，过10～30 min，待溶剂挥发一部分而稍有黏性再铺卷材，但不应迟于45 min，每铺一层卷材，应隔5～8 h再按压或滚压一遍，然后同法铺第二层、第三层卷材。

（5）在平面与立面交接处，应分别在卷材上与基层上薄刷冷玛琋脂层，隔10～20 min再粘贴卷材，用刮板自上下两面往圆角中部挤压，使之服帖，并将上部钉牢于预埋的木条上。

（6）保护层一般采用云母粉。铺撒前，先在防水层面层上刮涂一层冷玛琋脂，厚度为1～1.5 mm，边刮冷玛琋脂边撒云母粉，云母粉要铺撒均匀，不要过厚。待冷玛琋脂表面已干，能上人时将多余的云母粉扫掉。

2. 高聚物改性沥青卷材冷粘铺粘施工

高聚物改性沥青卷材单层防水卷材厚度不宜小于4 mm，复合防水时不宜小于3 mm。高聚物改性沥青防水卷材冷粘铺粘常用的胶黏剂为改性沥青胶黏剂、橡胶沥青玛琋脂等，而基层处理剂可为相应胶黏剂的稀释剂。其施工要点如下：

（1）清理基层。同合成高分子防水卷材的冷粘贴施工。

（2）喷涂基层处理剂。高聚物改性沥青防水卷材的基层处理剂可选用氯丁沥青胶乳、橡胶改性沥青溶液、沥青溶液等。将基层处理剂搅拌均匀，先涂刷一遍节点部位，然后进行大面积涂刷，涂刷应均匀，不得过厚或过薄，一般涂刷后4 h左右，方可进行下道工序的施工。

（3）节点的附加层处理。在细部构造部位及周边扩大200 mm范围内，均匀涂刷一层厚度不小于1 mm的弹性沥青胶黏剂，随即粘贴一层聚酯纤维无纺布，并在布面上再涂一层厚1 mm的胶黏剂，构成无接缝的附加增强层。

（4）定位、弹线。同合成高分子防水卷材的冷粘贴施工。

（5）涂刷基层胶黏剂。基层胶黏剂的涂刷可用胶皮刮板进行，要求涂刷在基层上，厚薄均匀，不漏底、不堆积，厚度约为0.5 mm，空铺法、条粘法、点粘法应按规定的位置和面积涂刷胶黏剂。

（6）粘贴防水卷材。胶黏剂涂刷后，根据其性能控制涂刷的间隔时间，一人在后均匀用力推赶铺贴卷材，并注意排除卷材下面的空气，另一人用手持压辊，滚压卷材面，使之与基层更好地黏结。

卷材与立面的粘贴应从下面均匀用力往上推赶，使之黏结牢固。整个卷材的铺贴，应平整顺直，不得扭曲、皱褶等。

（7）卷材接缝黏结。卷材的接缝处应满涂胶黏剂（与基层胶黏剂同一品种），在合适的间隔时间后，使接缝处卷材黏结，并用压辊压出溢出的胶黏剂，随即刮平封口。

（8）卷材的接缝密封。卷材的接缝口应用密封材料封严，宽度不小于 10 mm。

（9）防水层完工后应做蓄水试验，其方法与前述相同。蓄水试验合格，待面层干燥后应按设计要求立即进行保护层施工，以避免防水层受损。

3. 合成高分子卷材冷粘铺贴施工

合成高分子防水卷材，大多可用于屋面单层防水，卷材的厚度宜为 1.2～2 mm。冷粘贴施工是合成高分子卷材的主要施工方法，各种合成高分子卷材的冷粘贴施工除由于配套胶黏剂引起的差异外，大致相同。这里介绍常用的三元乙丙橡胶防水卷材的冷粘铺贴施工要点。

（1）清理基层。剔除基层上的隆起异物，清除基层上的杂物，清扫干净尘土。

（2）涂刷基层处理剂。将聚氨酯底胶按甲料和乙料质量比为 1∶3 的比例配合，搅拌均匀，用长柄刷涂刷在基层上，涂布量一般以 0.15～0.2 kg/m^2 为宜。底胶涂刷后 4 h 以上才能进行下道工序施工。

（3）节点的附加层处理。在阴阳角、排水口、管子根部周围等细部构造部位，加刷一遍聚氨酯涂膜材料（甲料和乙料质量比为 1∶1.5 的比例配合，搅拌均匀，涂刷宽度距节点中心不少于 200～250 mm，厚约 2 mm，固化时间不少于 24 h）作为附加增强层，然后铺贴一层卷材。天沟则宜粘贴两层卷材。

（4）定位、弹基准线。按卷材排布配置，弹出定位和基准线。

（5）涂刷基层胶黏剂。基层胶黏剂采用 CX404 胶黏剂，将胶分别涂刷在基层及防水卷材的表面。基层按事先弹好的位置线用长柄滚刷涂刷，同时，将卷材平置于施工面旁边的基层上，用湿布除去卷材表面的浮尘，划出长边及短边各不涂胶的接合部位（满粘法不小于 80 mm，其他不小于 100 mm，见图 4—13），然后在其表面均匀涂刷 CX404 胶黏剂。涂刷时，应按同一方向进行，厚薄均匀，不漏底、不堆积。

（6）铺贴防水卷材。基层及防水卷材分别涂胶后，晾干约 20 min，手触不粘即可进行黏结。操作人员将刷好胶黏剂的卷材抬起，使刷胶面朝下，将始端粘贴在定位线部位，然后沿基准线向前粘贴，如图 4—14 所示。铺贴时，卷材不得拉伸，随即用压辊用力向前、向两侧滚压，排除空气，使两者黏结牢固。

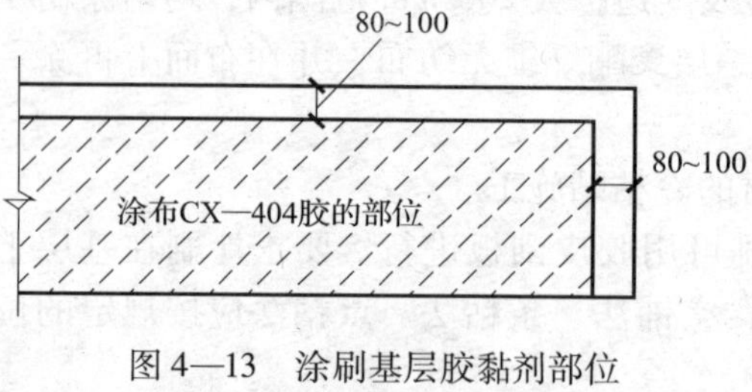

图 4—13　涂刷基层胶黏剂部位
（空白处留作涂刷接缝胶黏剂）

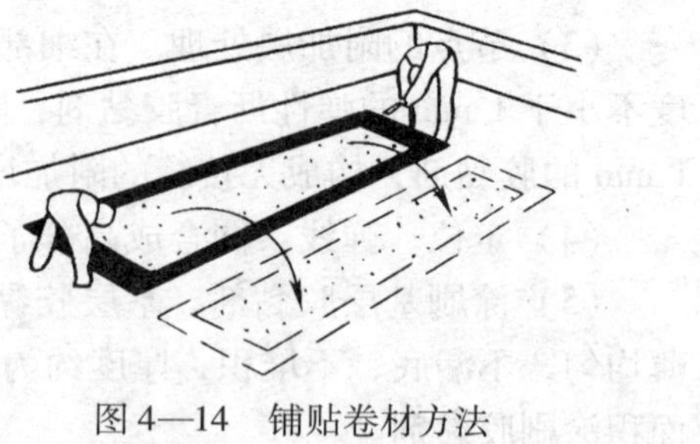

图 4—14　铺贴卷材方法

每铺完一幅卷材后，应立即用干净而松软的长把滚刷从卷材的一端开始朝卷材横向顺序用力滚压一遍，以便彻底排除卷材与基层间的空气，如图 4—15 所示。排除空气后，卷材平面部位可用外包橡胶的大压辊滚压（一般质量为 30～40 kg），使其黏结牢固。滚压时，应从中间向两侧移动，做到彻底排气。

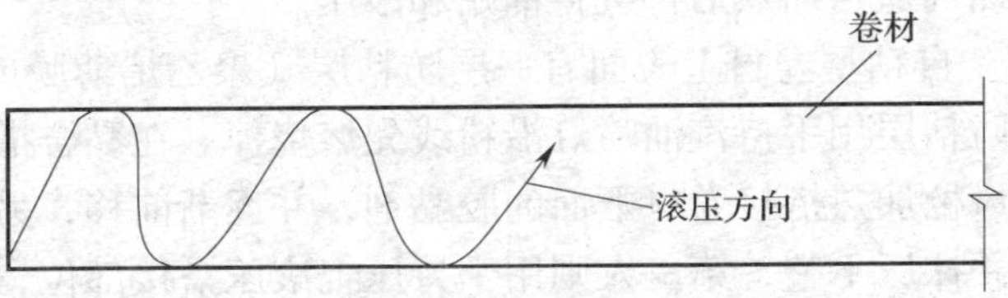

图 4—15　排气滚压方向

在平面、立面交接处，则应先粘贴好平面，经过转角，由下往上粘贴。粘贴时切忌拉紧，要轻轻沿转角压紧压实，再往上粘贴。滚压时应从上往下进行，转角部位要用扁平辊，垂直面要用手辊。

（7）卷材接缝黏结。卷材接缝宽度范围内（80 mm 或 100 mm），将丁基橡胶胶黏剂（按 A 和 B 质量比为 1∶1 的比例配制、搅拌均匀）用油漆刷均匀涂刷在卷材接缝部位的两个黏结面上，涂胶后 20 min 左右，指触不粘，随即进行粘贴。黏结从一端顺卷材长边方向至短边方向进行，用手持压辊滚压，使卷材粘牢。

（8）卷材接缝密封。卷材末端的接缝及收头处，可用聚氨酯密封胶或氯磺化聚乙烯密封膏嵌封严密，并在末端收头处用掺有水泥用量 20% 的 108 胶水泥砂浆进行压缝处理，以防止防水卷材的接缝、收头处剥落。

在整个防水层铺贴完成后，所有卷材搭接缝边应用密封膏材料涂封严密，其宽度不应小于 10 mm。

（9）防水层完工后应做蓄水试验，其方法与前述相同。蓄水试验合格，待面层干燥后应按设计要求立即进行保护层施工，以避免防水层受损。

4. 卷材自粘贴施工

自粘贴是采用带有自粘胶的防水卷材，如自粘彩色三元乙丙橡胶防水卷材、AAS 隔热防水卷材、DJ5 型屋面隔热防水卷材以及 DJ6 型自粘型屋面保温防水卷材等，不需加热，也不需涂刷胶黏剂，可直接实现防水卷材与基层黏结的一种操作方法，实际上是冷粘法操作工艺的发展。由于自粘型卷材的胶黏剂与卷材同时在工厂生产成形，因此质量可靠，施工简便、安全；更因自粘型卷材的胶黏层较厚，有一定的形变能力，适应基层变形的能力增强，且胶黏剂与卷材合二为一，同步老化，延长了使用寿命。只是作业温度必须在 5℃ 以上，温度低时不易黏结。其施工要点如下：

（1）基层检查、清理、涂刷基层处理剂、节点附加增强、定位弹基准线等与冷粘法相同。

（2）铺贴卷材。三人一组，一人撕纸，一人滚铺卷材，一人随后将卷材压实。铺贴时应按基准线的位置，缓缓剥开卷材背面的黏结隔离纸，将卷材直接粘贴于基层上，随撕隔离纸，随将卷材向前滚铺。滚铺时，当采用的是高聚物改性沥青防水卷材时要拉得稍紧一点，不能太松弛；而对于合成高分子防水卷材，则要尽量保持自然松弛状态，但也不能有皱褶。每铺完一段卷材，应立即用长柄滚刷从开始端起彻底排除卷材下面的空气，然后再用胶皮压辊压实粘牢。

当铺贴天沟、泛水、阴阳角或有突出物的复杂部位基面时，应先将卷材按基面形状并考虑搭接长度进行裁剪，反铺于屋面平面上，待剥去全部隔离纸后，再铺贴卷材。

当在立面或坡度较大的屋面上铺贴卷材时，容易产生流坠下滑现象，因此宜用手持汽油喷灯将卷材底面的胶黏剂适当加热后再进行铺贴和滚压。

（3）搭接缝黏合。自粘型卷材上表面有一层防粘层（聚乙烯薄膜或其他材料），在铺贴前，应将搭接部位的防粘层用手持汽油喷灯沿粉线先熔烧掉。在黏合搭接缝时，掀开搭接部位的卷材，用扁头热风枪加热搭接卷材下面的胶黏剂，并逐渐前移，另一人紧随其后，用棉纱团从里向外排气，并抹压平整，第三人则用手持压辊滚压搭接部位，使其搭接缝密实。

自粘型彩色三元乙丙橡胶防水卷材的长、短向一边有宽 50 ~ 70 mm 的一段不带自粘胶，则搭接缝处需刷胶封边，施工时，将搭接部位卷材翻开，用油漆刷将氯化乙丙橡胶胶黏剂或 CX404 胶均匀地涂刷在卷材接缝的两个黏结面上，涂胶 20 min 后，指触不黏时即进行黏合，黏合后用手持压辊仔细滚压密实，使之黏结牢固。

（4）卷材接缝密封。卷材所有接缝口应用丙烯酸密封膏仔细封边，封边宽度不小于 10 mm，不得宽窄不一。

（5）蓄水试验和保护层施工同其他施工方法。

六、屋面细部构造卷材防水做法

屋面工程应遵循“防排结合、刚柔并用、多道设防、整体密封”的原则，在一头（防水层末端收头）、二缝（屋面的变形缝、找平层的分格缝）、三口（水落口、出入口、檐口）、四根（女儿墙根、烟囱根、管道根、设备根）等容易发生渗漏水的薄弱部位组成多道设防的附加层。

1. 天沟、檐沟增强收头处理

由于天沟、檐沟部位水量较大，防水层经常受雨水冲刷或浸泡，因此在天沟或檐沟转角处应先用密封材料涂封，干燥后再增铺一层卷材或涂刷涂料作为附加层。为防止构件断面变化和屋面在天沟、檐沟与屋面交接处产生应力集中，为增强抗裂能力，该处的附加层宜空铺，空铺宽度为 200 mm，如图 4—16 所示。天沟、檐沟与屋面交接处的保温层的铺设应伸到墙厚的 1/2 以上。

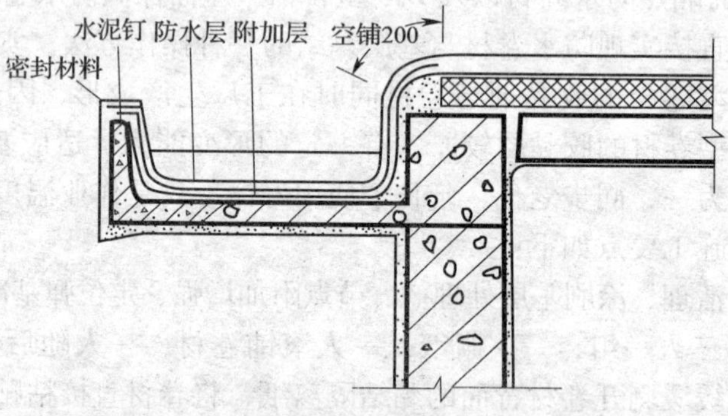

图 4—16　檐沟

天沟或檐沟铺贴卷材应从沟底开始，顺天沟从水落口向分水岭方向铺贴，边铺边用刮板从沟底中心向两侧刮压，赶出气泡，使卷材铺贴平整，粘贴密实。

天沟、檐沟的卷材收头应用金属压条钉压，密封材料密封，聚合物水泥砂浆抹面，以减少开裂，提高设防的可靠性，如图 4—17 所示。

2. 无组织排水檐口的收头做法

无组织排水檐口 800 mm 范围内防水卷材采用满粘法，以保证卷材与基层粘贴牢固，卷材应铺至混凝土檐口处收头，卷材应裁齐后压入凹槽内，并用压条或带垫片的钉子钉压固定，钉距不大于 900 mm。再在凹槽内用密封材料嵌填封严。水泥砂浆抹压，以防收头翘边，如图 4—18 所示。

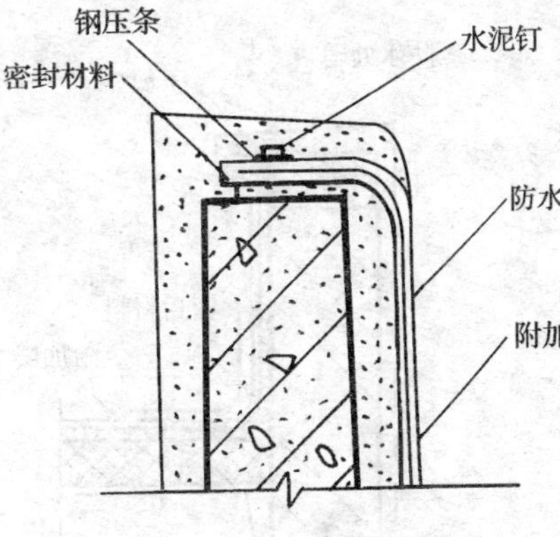

图 4—17　檐沟卷材收头

3. 泛水收头

铺贴泛水处卷材应采用满粘法，以保证粘贴牢固。泛水收头应根据泛水高度和泛水墙体材料确定收头密封形式。

(1) 当女儿墙较低时，卷材可以直接铺过墙顶，用压顶盖顶，压顶应做防水处理。如图 4—19 所示。

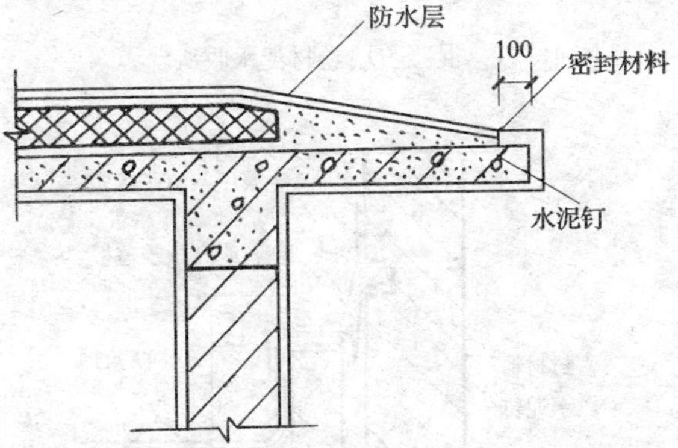

图 4—18　无组织排水檐口

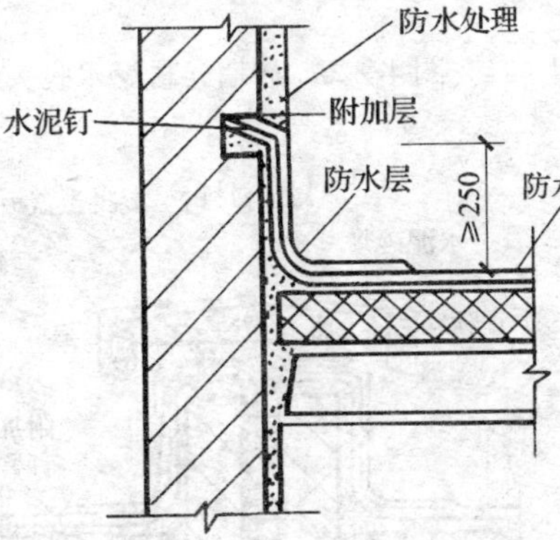

图 4—19　低女儿墙泛水收头

(2) 当墙体为砖墙时，也可在砖墙上留凹槽，卷材收头压入凹槽内，用金属压条钉压，密封材料固定，水泥砂浆抹压，凹槽距屋面找平层最低高度不应小于 250 mm，凹槽上部的墙体也应做防水处理，如图 4—20 所示。

(3) 当墙体为混凝土时，将卷材收头直接用金属压条钉压在墙上，然后用密封材料封牢固，再在封好的卷材收头上方钉压金属或合成高分子盖板，端头用密封材料封固，以保证卷材的收头，如图 4—21 所示。

(4) 泛水应采用隔热防晒措施，以延长其使用年限。可在泛水卷材面砌砖后，抹水泥砂浆或浇细石混凝土保护，也可涂刷浅色涂料或粘贴铝箔保护层。

4. 屋面变形缝增强、收头处理

(1) 等高变形缝的处理。缝内宜填充聚苯乙烯泡沫块或沥青麻丝，卷材防水层应满粘铺至墙顶，然后上部用卷材覆盖，覆盖的卷材与防水层粘牢，中间应尽量向缝隙中下垂，并在其上放置聚苯乙烯泡沫棒，再在其上覆盖一层卷材，两端下垂而与防水层粘牢，中间尽量松弛以适应变形，最后顶部应加扣混凝土盖板，如图 4—22 所示。

(2) 高低跨变形缝的处理。低跨的防水卷材应先铺至低跨墙顶，然后在其上加铺一层卷材封盖，其他端与铺至墙顶的防水卷材粘牢，另一端用压条钉压在高跨墙体凹槽内，密封材料封固，中间尽量下垂在缝中，再在其上钉压金属或合成高分子盖板，端头用密封材料密封，如图 4—23 所示。

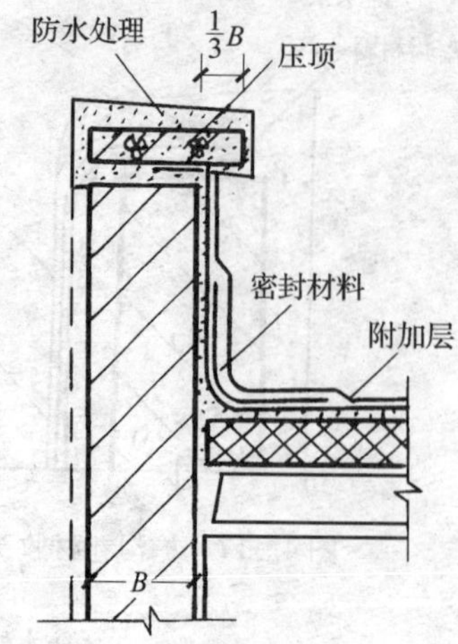

图 4—20　砖墙卷材泛水收头

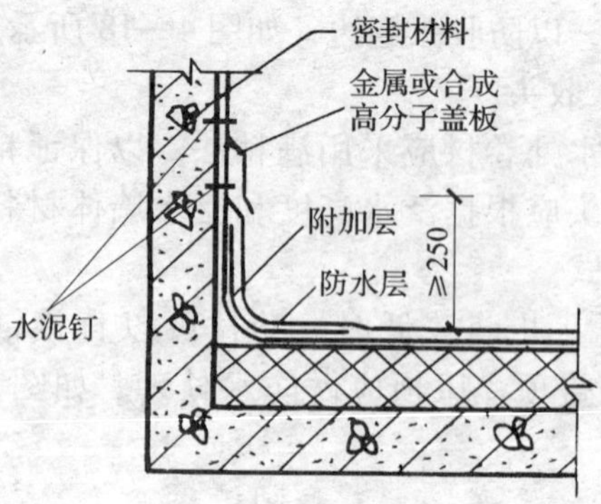

图 4—21　混凝土墙卷材泛水收头

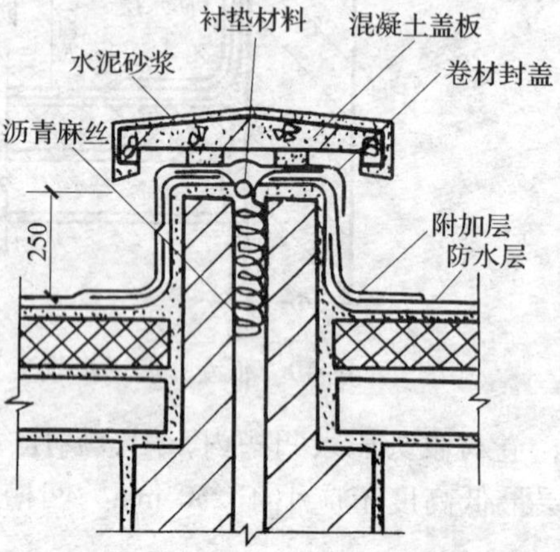

图 4—22　等高变形缝的防水构造

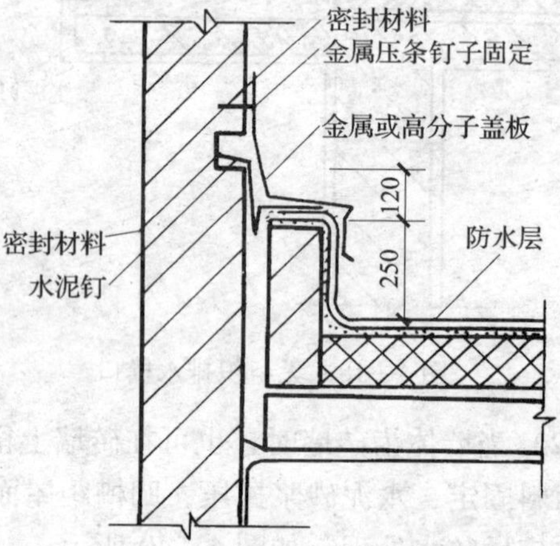

图 4—23　高低跨变形缝的防水构造

5. 水落口的防水做法

屋面工程的排水方式为内排水和外排水两种形式，相应的防水构造分为直式水落口和横式水落口防水构造两种形式。

水落口杯宜采用完整无损的铸铁、塑料制品，应牢固地固定在承重结构上。

水落口周围直径 500 mm 范围内坡度不应小于 5%。所以施工时水落口杯的埋设标高应考虑水落口设防时增加的附加层、柔性密封层的厚度及排水坡度加大的尺寸，使排水坡度符合设计要求，有利于排水。

水落口周围应用防水涂料或密封材料涂封作为附加层，其厚度不小于 2 mm。涂刷时应根据防水材料的种类采用不同的涂刷遍数来满足涂层的厚度要求。水落口杯与基层接触处应留宽 20 mm、深 20 mm 的凹槽，槽内嵌填密封材料，如图 4—24、图 4—25 所示。

水落口杯的各层卷材均应黏附在杯口上，用雨水罩的底盘将其压紧，底盘与卷材间满涂密封材料，底盘周围用密封材料封填。水落口处卷材剪裁方法如图 4—26 所示。

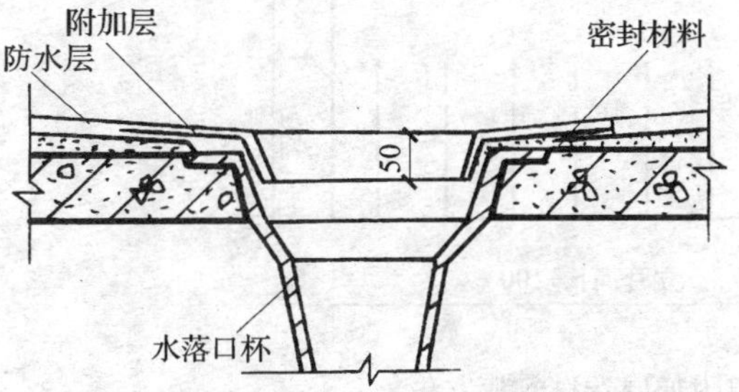

图 4—24　直式水落口的防水做法

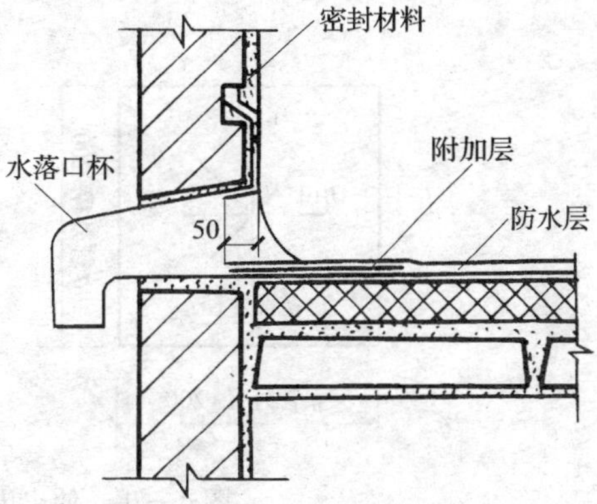

图 4—25　横式水落口的防水做法

6. 伸出屋面管道根部的防水

伸出屋面的管道主要是排气孔，由于热胀冷缩，容易引起管道与混凝土脱开，混凝土干缩变形，易形成孔道周围的环向裂缝。因此屋面管道处防水层应附加增强层。管道与找平层之间应留设凹槽，并嵌填密封材料，防水层收头处应用金属箍箍紧，并用密封材料封严。为了确保管道根部的水能迅速排走，此处的找平层应做成圆台，如图 4—27 所示。具体做法是：距管道根部 500 mm 范围内，砂浆找平层应抹出高 30 mm 坡向周围的圆台，以防根部积水。

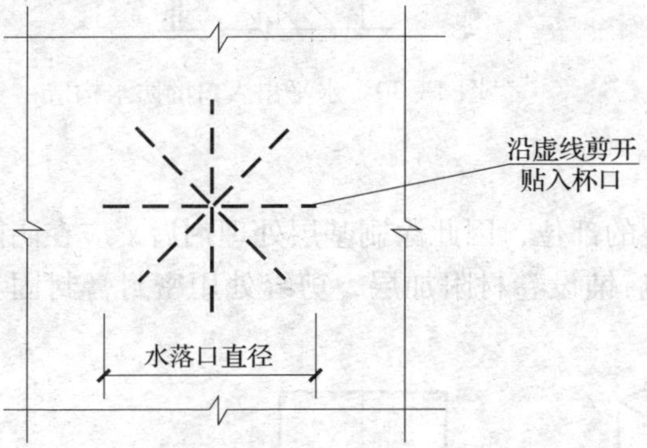

图 4—26　水落口处卷材剪裁方法

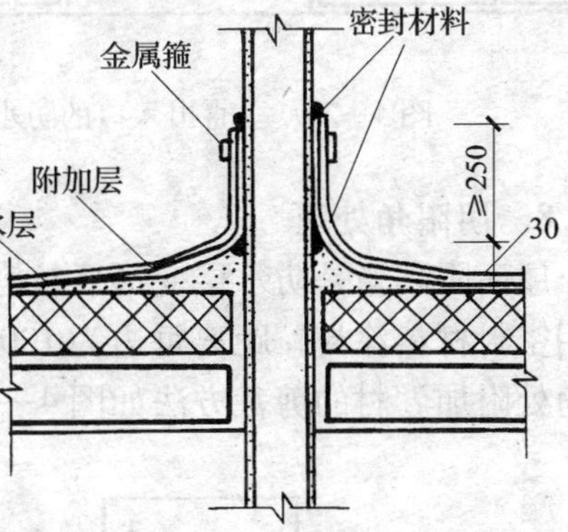

图 4—27　伸出屋面管道根部的防水构造

管道与基层交接处预留 200 mm×200 mm 的凹槽，槽内用密封材料嵌填严密。管道四周应除锈，管道根部四周做附加增强层，宽度不小于 300 mm。防水层贴在管道上的高度不得小于 300 mm，附加卷材应剪出切口，上下层切缝粘贴时错开，严密压盖。附加层卷材剪裁方法如图 4—28 所示。附加层及防水层收头处用金属箍箍紧在管道上，并用密封材料封严。

7. 出入口收头处理

垂直出入口的防水构造如图 4—29 所示，出入口应高出屋面 250 mm 以上。出入口外侧四周应设附加层，防水卷材收头应压在混凝土压顶圈下，井圈高度和入孔盖要挑出做好滴水。

水平出入口如图 4—30 所示。水平出入口防水层收头应压在混凝土踏步下，防水层的泛水应设防护墙。屋面与挡墙间增设附加层。在门口处用钢筋混凝土板挑出踏步，板下与砌体间应留出一定的空隙，以适应沉降的需要。

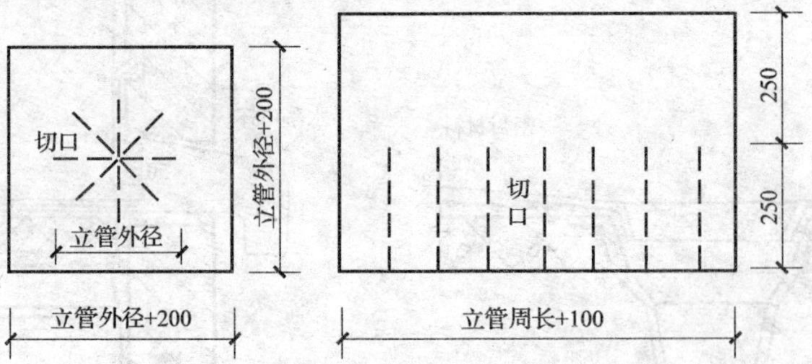

图 4—28　伸出屋面管道附加层卷材剪裁方法

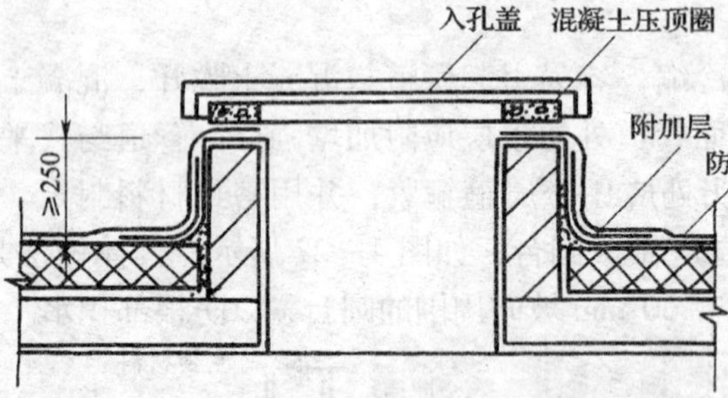

图 4—29　垂直出入口的防水构造

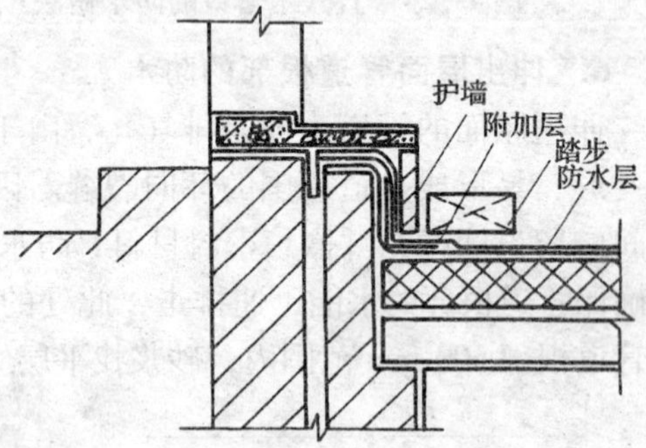

图 4—30　水平出入口的防水构造

8．阴阳角处理

屋面阴阳角是防水层变形后较容易被拉裂的部位，因此涂刷基层处理剂后，应在阴阳角处用密封材料涂封，距离每边为 100 mm，然后铺设卷材附加层，剪缝处用密封膏封固。阴阳角处附加卷材的剪裁方法如图 4—31 所示。

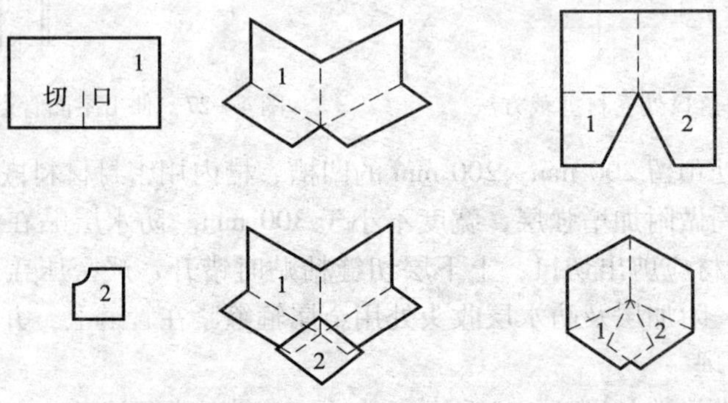

a) 阳角附加层剪裁方法　　b) 阴角附加层剪裁方法

图 4—31　阴阳角卷材剪裁方法

七、卷材防水施工安全技术

1．强化安全生产工作领导，建立安全生产责任制；强化安全教育，操作工人应持证上岗，并进行安全技术交底，操作中严格执行劳动保护制度。

2．患有皮肤病、眼病、刺激过敏者，不宜参加卷材防水的操作工作；施工过程中，如发生恶心、头晕、过敏等，应立即停止工作，并到通风凉爽的地方休息，或请医生诊治。

3. 操作工人应穿软底鞋、长衣、长裤，裤脚、袖口应扎紧并应佩戴手套、护脚、口罩，外露皮肤应涂擦防护膏。

4. 涂刷有害健康的基层处理剂和胶黏剂时，应戴口罩和防护眼镜，并应注意风向，防止下风向作业人员中毒和烫伤。

5. 用热沥青玛琋脂铺贴卷材时，浇油者和铺毡者应保持一定的距离（不得小于200 mm），根据风向错位，避免热玛琋脂飞溅伤人。浇油时，檐口下方不得有人行走或停留，以防热玛琋脂流下伤人。

6. 使用液化气喷枪及汽油喷灯点火时，火焰喷枪或汽油喷灯应由专人保管和操作，点燃的火焰喷枪（或喷灯口）不准对着人员或堆放卷材处，以免烫伤或着火。注意喷枪火焰与卷材的距离、加热时间和移动速度，以免卷材过热而变质。

7. 汽油喷灯加油不得过满，打气不得过足。

8. 热熔施工容易着火，必须注意安全。施工现场不得有其他明火作业，遇屋面有易燃设备（如玻璃钢冷却塔）时，应采取隔离防护措施，以免引起火灾。

9. 喷枪使用前，应先检查液化气钢瓶开关及喷枪开关等各个环节的气密性，确认完好无损后才可点燃喷枪。喷枪点火时，喷枪开关不能旋到最大状态，应在点燃后再缓缓调节。

10. 在地下室或其他不通风环境下进行热熔施工时，应有通风设施；施工人员应缩短作业时间。

11. 热熔施工的卷材防水层，在施工后不要立即上人。

12. 使用溶剂型基层处理剂及胶黏剂时，现场应严禁烟火。材料应存放于专人负责的库房，库房应有一定的安全距离，严禁烟火并应有醒目的标示，应有防火措施和灭火器材等。

13. 屋面周围应设置防护栏杆，当在屋面坡度超过30%的斜面上施工时，必须在坚固的梯子上操作，在接近檐口的地方应一律使用安全带。

14. 雨、雪、霜天应待屋面基层干燥后方可施工，刮大风时应停止施工，避免在高温烈日下施工。

15. 工地上应保证茶水供应，特别在夏季，应有清凉饮料和采取适当的防暑降温措施；工地应有洗澡设施，下班后应洗手、洗脸、洗澡。

16. 竣工后的卷材防水层不要堆积钝器或其他建筑材料。

八、卷材防水层工程质量验收规定

1. 检验数量

应按屋面面积每100 m^2抽查一处，每处10 m^2，且不得少于3处。细部构造应全部进行检查。

2. 主控项目

（1）卷材防水层所用卷材及其配套材料，必须符合设计要求。

检验方法是检查出厂合格证、质量检验报告和现场抽样复验报告。

（2）卷材防水层不得有渗漏或积水现象。

检验方法是雨后或淋水、蓄水检验。

(3) 卷材防水层在水沟、檐沟、檐口、水落口、泛水、变形缝和伸出屋面管道的防水构造，必须符合设计要求。

检验方法是观察检查和检查隐蔽工程验收记录。

3. 一般项目

(1) 卷材防水层的搭接缝应黏（焊）结牢固，密封严密，不得有皱褶、翘边和鼓泡等缺陷；防水层的收头应与基层黏结并固定牢固，缝口封严，不得翘边。

检验方法是观察检查。

(2) 卷材防水层上的撒布材料和浅色涂料保护层应铺撒或涂刷均匀，黏结牢固；水泥砂浆、块材或细石混凝土保护层与卷材防水层间应设置隔离层；刚性保护层的分格缝留置应符合设计要求。

检验方法是观察检查。

(3) 排气屋面的排气道应纵横贯通，不得堵塞。排气管应安装牢固，位置正确，封闭严密。

检验方法是观察检查。

(4) 卷材的铺贴方向应正确，卷材搭接宽度的允许偏差为 -10 mm。

检验方法是观察检查和尺量检查。

九、卷材防水屋面施工常见质量缺陷及防治措施

卷材防水屋面施工常见质量缺陷及防治措施见表4—11。

表4—11　卷材防水屋面施工常见质量缺陷及防治措施

项目	质量通病	防治措施
水泥砂浆找平层	起砂	①应采用不低于42.5级的合格水泥，出厂的水泥应抽检其安定性 ②应采用中砂（0.35~0.5 mm），其含泥量不大于3% ③严格控制水灰比（0.55）和搅拌时间 ④应在水泥砂浆初凝前抹光，终凝前压光 ⑤及时养护，不得过早或过晚。当手压砂浆不沾、无压痕时即应覆盖草袋养护，每日洒水不少于3次，养护时间不少于7天 ⑥养护期间不得上人
	起皮、酥松	①严禁洒水收压 ②如砂浆表面泌水过多，可撒1:1水泥砂子压光，水泥砂子应拌匀 ③及时覆盖养护，不得过早或过晚 ④冬季施工时，应采取防冻措施
	空鼓	①结构基层表面应坚实，应彻底铲除浮层，并清扫干净 ②基层应消除杂物，冲洗干净，晾干，刷素水泥浆一道 ③砂浆应刮平，搓平时应先压实
	坡度不准，表面不平	①应严格按设计坡度拉线冲筋，且冲筋间距为1.0~1.5 m，不得过大 ②铺设砂浆时，用直尺按冲筋刮平顺、找坡、找平 ③屋面转角处、出屋面管根和埋件四周等节点部位应仔细抹压、不得遗漏

续表

项目	质量通病	防治措施
沥青砂浆找平层	起壳、黏结不牢、表面蜂窝	①仔细清扫基层表面 ②沥青砂浆应按配比要求严格配料，并应混合均匀 ③沥青砂浆的成活温度不能太低 ④沥青砂浆每层摊铺后的压实厚度不得大于 30 cm ⑤摊铺时及时刮平、振实或压实至表面平整、稳定、无明显压痕，不易碾实或压实之处用热烙铁拍实 ⑥摊铺时，尽量不留施工缝。不可避免时可留斜槎，在拍实接槎时，用沥青砂浆覆盖预热 10 min，然后清除，再涂一道热沥青，接槎处必须紧密、平顺，烫缝不应枯焦
卷材防水层	起鼓	①找平层应平整 ②卷材铺贴前，认真清理基层，清扫浮灰、杂质等 ③找平层应干燥，可用简易方法检验：将 1 m^2 材料平坦地干铺于找平层上，静置 3 ~ 4 h 后掀开，覆盖部位与卷材上均未见水印即可 ④不在雨、雪、雾天等施工 ⑤胶黏剂的涂刷应均匀一致，不得过厚或过薄，当用热玛琋脂时，其涂刷厚度宜为 1 ~ 1.5 mm，用冷马琋脂时，其涂刷厚度宜为 0.5 ~ 1 mm。当采用其他胶黏剂时，应根据其性能控制好涂刷与铺贴的间隔时间，不得过早或过晚 ⑥铺贴好的卷材，应充分滚压平实，尤应注意不易滚压处
	流淌	①严格按规范要求选用玛琋脂的耐热度，应用于立面时，还应提高 5 ~ 10℃ ②严格控制玛琋脂的涂刷厚度 ③卷材铺贴后应充分滚压 ④卷材的长、短边的搭接宽度均应满足规范要求 ⑤做好保护层
	卷材开裂	①在应力集中、基层变形大或有突变的部位，空铺宽 200 ~ 300 mm 的卷材，同时，立面与大面交接处按规定做好附加增强层 ②严格控制找平层的质量，找平层的分格缝处应单边点粘 200 ~ 300 mm 宽的卷材附加层 ③出屋面管道及水落口周围应预留 20 mm × 20 mm 的凹槽，嵌填密封材料 ④女儿墙、天沟、压顶应刚柔防水结合，并应留设分格缝，缝中嵌填密封材料，压顶可用合成高分子卷材铺贴 ⑤玛琋脂应满足耐热度、黏结力、柔韧性要求，若现场配制，应经试配，熬制温度不得过高，熬制时间不得过长
	卷材剥离	①严格控制找平层的平整度及表现质量、干燥程度以及清洁程度 ②严格控制滚压及滚压顺序，尤应注意用手持压辊滚压转角处的卷材 ③铺贴立面卷材时，应由平面过渡到立面，并由下往上铺贴，不得将卷材张拉过紧，并应经滚压或用刮板压实
	卷材收头脱落	①卷材收头必须用压条钉压，用密封材料封口，并加做保护层 ②③与“卷材剥离”相同
	卷材脱缝	①严格按要求预留卷材的搭接宽度 ②按卷材要求，选用合适的配套胶黏剂，并通过试验确定黏结的最佳时间 ③接缝胶黏剂涂刷前，仔细清理搭接部位的卷材，必要时用溶剂擦洗干净 ④接缝胶黏剂的涂刷应均匀 ⑤搭接缝黏合后，应用压辊仔细压好，并用密封材料封口

续表

项目	质量通病	防治措施
山墙、女儿墙	渗漏	①卷材收头应钉压牢固，并用密封材料密封 ②女儿墙、山墙压顶宜用合成高分子卷材铺贴，若用混凝土预制板压顶时，板缝间应用玛琋脂或油膏嵌填 ③平面与立墙的转角处，应按规定做成圆弧状，卷材应分层接槎 ④结构板与女儿墙、山墙间应留设 20 mm 的空隙，在山墙支撑面上铺设低强度等级砂浆找平 ⑤刚性保护层、架空隔热层与女儿墙、山墙间应留设 30 mm 的空隙，并嵌填密封材料
变形缝	渗漏	①变形缝应严格按设计要求及施工规范施工 ②变形缝应沿长度方向按规定找坡 ③变形缝在屋檐处应断开
反梁	漏水	①尽可能不用反梁过水孔 ②反梁过水孔的孔径或孔口不宜过小，当采用预埋管时，管径不得小于 75 mm，非预埋管时，过水孔高度不小于 150 mm，宽度不小于 250 mm ③预埋管作过水孔时，其两端周围与混凝土接触处应设 20 mm×20 mm 的凹槽，并用密封材料嵌填
粒料保护层	黏结不牢、不匀	①仔细清理铺贴完毕的沥青卷材防水层 ②热玛琋脂应满足耐热度要求，其刮涂厚度为 2～3 mm，要求均匀一致 ③绿豆砂的粒径为 3～5 mm，应经筛洗 ④预热绿豆砂至 100℃左右 ⑤随涂刷玛琋脂，随铺撒绿豆砂，随用小滚筒轻轻碾压至绿豆砂约粒径的一半嵌入玛琋脂 ⑥立面上应由下向上摊铺，并应用刮板轻轻拍实 ⑦清除保护层上多余的绿豆砂

练习与实训

一、练习题

1. 填空题

（1）按《屋面工程技术规程》（GB 50345—2004）的规定，屋面工程应根据建筑物的性质、重要程度、使用功能要求以及防水层合理使用年限，分为________个等级。

（2）一般建筑物的防水层合理使用年限是________年。

（3）高聚物改性沥青防水卷材施工环境温度冷粘法不低于________℃，热熔法不低于________℃。

（4）分格缝的设置间距要求：水泥砂浆或细石混凝土找平层不宜大于________，沥青砂浆找平层不宜大于________。

（5）基层干燥程度的简易检验方法，是将 1 m^2 卷材平坦地干铺在找平层上，静置________h 后掀开检查，找平层覆盖部位与卷材上未见水印即可铺设。

（6）卷材与基层的粘贴方法可分为________、________、________和________等形式。

（7）天沟、檐沟应增铺附加层；天沟、檐沟与屋面交界处的附加层应空铺，空铺宽度为________ mm卷材收头应当固定密封。

(8) 无组织排水的檐口，在檐口________ mm范围内，卷材应采用满粘法施工，卷材收头应压入预先留置在基层上的凹槽内钉压密封。

(9) 卷材防水施工准备的内容主要有________、________、________、________、________等。

(10) 卷材热施工一般包括________、________、________。

(11) 热熔法滚铺操作方法一般包括________、________、________、________四个步骤。

(12) 高聚物改性沥青卷材单层防水卷材厚度不宜小于________ mm，复合防水时不宜小于________ mm。

(13) 卷材与立面的粘贴，应从下面均匀用力往________推赶，使之黏结牢固。

(14) 卷材的接缝密封时，卷材的接缝口应用密封材料封严，宽度不小于________。

(15) 基层胶黏剂黏结剥离强度保持率不低于________。

(16) 高聚物改性防水卷材热熔法铺贴，用火焰喷枪对准卷材与基层的结合面，同时加热卷材与基层，喷枪头距加热面________ mm，烤到沥青熔化，卷材底有光泽并发黑，有一个薄的熔层时，即用胶皮压辊滚压密实，如此边烘烤边推压，当端头只剩下________ mm左右时，将卷材翻放于隔热板上加热，同时加热基层表面，粘贴卷材并压实。

2. 简答题

(1) 选择屋面防水方案应遵循的原则是什么？

(2) 试叙卷材铺贴方向。

(3) 简述合成高分子卷材冷粘铺贴施工操作工艺流程。

二、实训与指导

实训1　二毡三油屋面防水层施工

1. 实训目标

熟悉沥青防水卷材屋面的施工工艺，掌握沥青防水卷材屋面防水层施工的基本技术。

2. 实训内容

以某建筑物平屋面为实训场地，4人为一组，完成指定范围内（包括一处节点，如女儿墙泛水、天沟、雨水口、变形缝、管道根）的二毡三油防水层施工。

3. 实训准备

(1) 材料。热沥青玛琋脂、沥青油毡、冷底子油，根据给定的施工面积计算应准备的用量。

(2) 工具。扫帚、皮老虎、铁桶、溶剂桶、油桶、沥青锅灶、沥青加热保温车、压辊、长把刷、剪刀、磅秤、加热保温沥青车、笊篱、橡皮刮板、滚筒、消防器材、劳保用品（工作服、安全帽、防护眼镜、手套、口罩）。

4. 实训步骤

基层清理→刷冷底子油→铺贴节点部位卷材附加层→定位弹线、裁剪油毡→铺贴底层油毡（空铺法方案）→铺贴第二层油毡→刷第三道玛琋脂。

5. 思考与分析

(1) 准备相应资料，准确计算材料用量。

(2) 领会操作工艺流程，事先确定铺贴方案，包括铺贴方向、先后顺序、油层厚度、搭接长度等。

(3) 实训小组成员要分工明确，配合协调，做到规范操作。

6. 考核内容与评分标准

序号	评定项目	评判标准	满分	检测点					得分
				1	2	3	4	5	
1	基层处理	表面无尘土、砂粒或潮湿处。每个检测点1分，满足得1分，不满足得0分	5						
2	刷冷底子油	均匀无漏底。每个检测点1分，满足得1分，不满足得0分	5						
3	铺贴节点部位卷材附加层	粘贴牢固、不空鼓、不翘边、附加层范围满足要求。每个检测点3分，满足得3分，不满足得0分	15						
4	铺贴底层油毡	顺序、方向正确，满足空铺的有关要求，能将挤出的沿边油刮平。每个检测点4分，满足得4分，不满足得0分	20						
5	铺贴第二层油毡	将多余的油挤出、粘实，不存空气，并将挤出的沿边油刮平，油毡错开及搭接缝符合要求。每个检测点5分，满足得5分，不满足得0分	25						
6	刷第三道玛琋脂	均匀、平整，厚度符合要求。每个检测点2分，满足得2分，不满足得0分	10						
7	安全文明施工	重大事故不合格，一般事故本项无分，未做到工完场清无分，扫而不清扣5分	10						
8	工效	按劳动定额时间进行，超过定额时间10%本项无分，在10%以下酌情扣1~10分	10						

实训2　冷粘法施工合成高分子防水卷材屋面

1. 实训目标

熟悉冷粘法施工合成高分子防水卷材屋面的操作工艺，掌握冷粘法施工合成高分子防水卷材的基本技术。

2. 实训内容

以某建筑物平屋面为实训场地，若干人为一组，采用冷粘法完成指定范围内（包括一处节点，如女儿墙泛水、天沟、雨水口、变形缝、管道根）的合成高分子防水卷材屋面防水层施工。

3. 实训准备

(1) 材料。三元乙丙橡胶防水卷材、基层与卷材胶黏剂（CX－404胶）、卷材与卷材胶黏剂（A、B组分）、清洗剂。根据给定的施工面积计算应准备的用量。

（2）工具。扫帚、小平铲、电动搅拌器、滚动刷、铁桶、扁平辊、手辊、大型辊、剪刀、卷尺、铁管、小线绳、粉笔、消防器材、劳保用品（工作服、安全帽、防护眼镜、手套、口罩）。

4. 实训步骤

基层处理→刷基层处理剂→节点密封及附加增强处理→定位弹线和试铺→涂刷与基层间的胶黏剂→粘贴防水卷材（抬铺法）→卷材接缝粘贴。

5. 思考与分析

（1）准备相应资料，准确计算材料用量，注意区分基层与卷材胶黏剂、卷材与卷材胶黏剂，双组分配料比例。

（2）领会操作工艺流程，事先确定铺贴方案，包括铺贴方向、先后顺序、胶黏剂用量、搭接长度等。

（3）实训小组成员要分工明确，配合协调，做到规范操作。

6. 考核内容与评分标准

冷粘法施工合成高分子防水卷材屋面评分表

序号	评定项目	评判标准	满分	检测点					得分
				1	2	3	4	5	
1	基层处理	表面无尘土、砂粒或潮湿处。每个检测点1分，满足得1分，不满足得0分	5						
2	刷基层处理剂	均匀无漏底，不得过厚或过薄，动作迅速，一次涂好，不反复涂刷。每个检测点1分，满足得1分，不满足得0分	5						
3	节点密封及附加增强处理	按产品说明进行配料，搅拌均匀。附加的范围一般为节点及周边扩大200 mm范围内，刮涂遍数及总厚度符合要求。每个检测点3分，满足得3分，不满足得0分	15						
4	涂刷与基层间的胶黏剂	在卷材上画出长边及短边各不涂胶的接缝部位，均匀涂刷，不堆积。每个检测点3分，满足得3分，不满足得0分	15						
5	粘贴卷材（抬铺法）	定位准确，卷材不得拉伸，滚压及时，排尽空气，黏结牢固。每个检测点3分，满足得3分，不满足得0分	15						
6	卷材接缝粘贴	搭接部位卷材翻开临时固定规范，涂刷胶黏剂至粘贴时间控制合理，粘贴牢固，卷材接缝及收头处用密封膏嵌封填严密。每个检测点5分，满足得5分，不满足得0分	25						
7	安全文明施工	重大事故不合格，一般事故本项无分，未做到工完场清无分，扫而不清扣5分	10						
8	工效	按劳动定额时间进行，超过定额时间10%本项无分，在10%以下酌情扣1～10分	10						

模块二　屋面涂膜防水施工

知识技能要求

1. 掌握涂膜防水材料的选择。

2. 掌握屋面涂膜防水层施工工艺和技术要求。

涂膜防水是在自身有一定防水能力的结构层表面涂刷一定厚度的防水涂料，经常温胶联固化后，形成一层具有一定韧性的防水涂膜的防水方法。

根据防水基层的情况和适用部位，可将加固材料和缓冲材料铺设在防水层内，以达到提高涂膜的防水效果、增强防水层的强度和耐久性的目的。

涂膜防水按照涂膜厚度可分为薄质涂膜防水和厚质涂膜防水两种，涂膜总厚度在 3 mm 以内的涂料为薄质防水涂料，涂膜总厚度在 3 mm 以上的涂料为厚质防水涂料，两者在施工工艺上有一定的差异。由于厚质涂料多为沥青类涂料，而且厚质涂膜防水施工涂料用量多，质量难以保证，所以目前实际施工过程中使用非常少。本书主要对薄质涂膜防水施工进行介绍。

涂膜防水层施工方法可分为刷涂法、喷涂法、抹涂法和刮涂法四种，在施工过程中，可根据涂料品种、性能、稠度以及不同施工部位分别选用不同的施工方法。

按照防水层胎体还可将涂膜防水分为单独涂膜层防水和加胎体增强材料涂膜（如玻璃丝布、化纤、聚酯纤维毡）做一布二涂、二布三涂、多布多涂。

一、涂膜防水材料的选择

1. 涂膜厚度的确定

对于不同防水等级要求的屋面，其涂膜厚度的规定见表 4—12。

表 4—12　　　　**涂膜厚度选用表**

屋面防水等级	设防道数	高聚物改性沥青防水涂料	合成高分子防水涂料
Ⅰ级	三道或三道以上设防	—	不应小于 1.5 mm
Ⅱ级	二道设防	不应小于 3 mm	不应小于 1.5 mm
Ⅲ级	一道设防	不应小于 3 mm	不应小于 2 mm
Ⅳ级	一道设防	不应小于 2 mm	—

2. 根据屋面防水涂膜暴露程度确定

根据屋面防水涂膜暴露程度，应选择与耐紫外线、热老化保持率相适应的防水涂料，在下列情况下，要选用耐紫外线、热老化保持率高的防水涂料。防水工程可分为以下几种：

（1）防水涂膜长期直接暴露于大气中使用的工程。

（2）保护层较薄（如撒粘细砂等）的屋面涂膜防水工程。

（3）用于气温较高、日照时间较长地区的涂膜防水工程。

3. 其他因素

（1）根据当地历年最高气温、最低气温、屋面坡度和使用条件等因素，应选择与耐热性、低温柔性与延伸性相适应的涂料。

（2）根据地基变形程度、结构形式、当地年温差、日温差和振动等因素，应选择与延伸性相适应的涂料。在下列情况下，要选用延伸性较高的防水涂料：

1）结构变形较大的防水工程，如装配式屋面、薄壳屋面、大跨度钢屋架屋面等。

2）地处冬夏温差、昼夜温差、内外温差等较大的防水工程。

3）在有振动情况下使用的防水工程，如室内有桥式吊车、屋面设有强力排风机等。

（3）多道防水或复合防水选择防水材料时，要注意材性相容和结合问题，原则上应将高性能、耐老化和耐穿刺性好的材料放在上部，对基层变形适应性好的材料放在下部，充分发挥各种材料性能的特点。

二、涂膜防水屋面的细部构造

1. 天沟、檐沟防水构造

当采用预制装配的天沟、檐沟，用细石混凝土灌缝时，缝上口有深 20 mm 的凹槽，槽内嵌密封材料。用水泥砂浆抹找平层，要先抹好天沟底，沟底两侧的阴角要抹成圆弧，在上口转角处要抹成钝角。当找平层经检查验收合格后，找平层砂浆强度大于 5 MPa，含水率小于 8% 时，先在天沟转角向上 100 mm 处涂刷一条 50 mm 宽的防水涂料，用一宽度为 300 mm 的长条无纺布，长边粘贴在涂膜上作为空铺附加层（缓冲层），然后涂刷规定的防水涂料，在涂刷的同时，再铺贴规定的胎体增强无纺布的附加层，如图 4—32 所示，要求铺贴平服，无褶皱。必须细致涂刮使涂料渗透到无纺布底层黏结。涂料成膜后，方可进行大面积防水涂层施工，但仍要将增强层全部涂刷使涂膜成为一个整体。

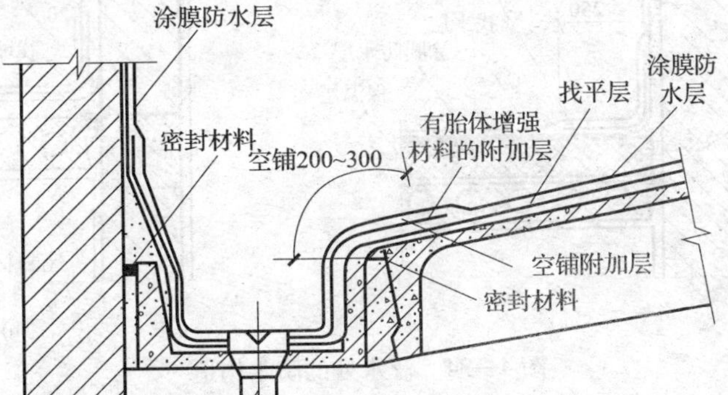

图 4—32　天沟、檐沟的防水构造

2. 檐口的防水构造

檐口处涂膜防水层的收头，应用防水涂料多遍涂刷或用密封材料封严，如图 4—33 所示。

3. 泛水处的防水构造

防水涂料与水泥砂浆抹灰层具有良好的黏结性能，所以在涂膜防水层的女儿墙上可不设凹槽和挑眉砖。女儿墙的根部常有裂缝，根部找平层抹灰要抹出小圆弧，并在根部阴角涂布有胎体增强层，层中铺贴宽 500 mm 的无纺布，立面和平面各铺贴 250 mm，如图 4—34 所示。待有胎体增强防水层的涂膜固化后，方可涂布大面积的防水涂料，涂刷时要一直涂到女儿墙压顶下，压顶也应涂刷防水涂料，可避免泛水处和压顶的抹灰层开裂而渗漏水。当女儿墙过高时，防水层和附加增强层的高度要大于 250 mm，上面的水泥砂浆抹成滴水线，可参照图 4—34b 的做法。

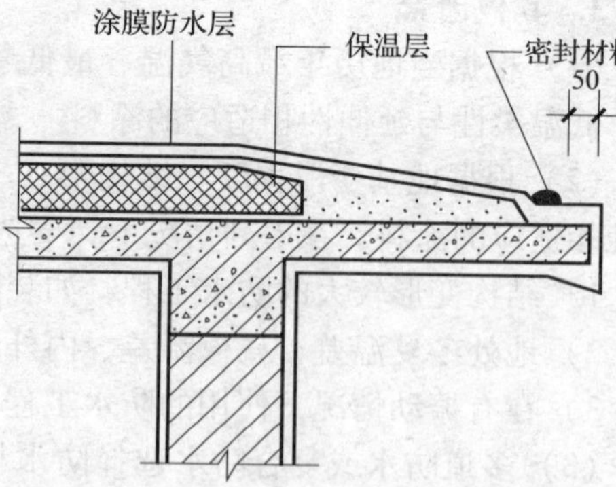

图 4—33　檐口的防水构造

4. 变形缝的防水构造

砌好变形缝两侧的半砖附加墙，在两砖墙的缝中填充泡沫塑料或沥青麻丝。先用水泥砂浆抹好立墙面，墙上面的阴角要抹成钝角；在立墙根部和找平层的交接处应抹成圆弧形。当找平层硬化干燥后，在变形缝的阴角处须涂布有胎体增强层，在层中铺贴宽 500 mm 的无纺布，先在立面上贴高 250 mm，涂布均匀，使涂料渗透到基层黏结牢固，无纺布要平服、无褶皱。增强防水涂膜层固化后，方可进行大面积的防水涂膜防水层施工。施工时必须再将防水涂料涂刷到变形缝外侧和顶面，然后在顶面用无纺布增强层铺贴，在缝中呈凹形，设衬垫材料，为不同变形留有余地，上面宜用宽度大于 300 mm 的合成高分子防水卷材封盖，两侧粘贴牢固，顶上加扣钢筋混凝土盖板，如图 4—35 所示。也可用金属伸缩片的处理方法，如图 4—36 所示。

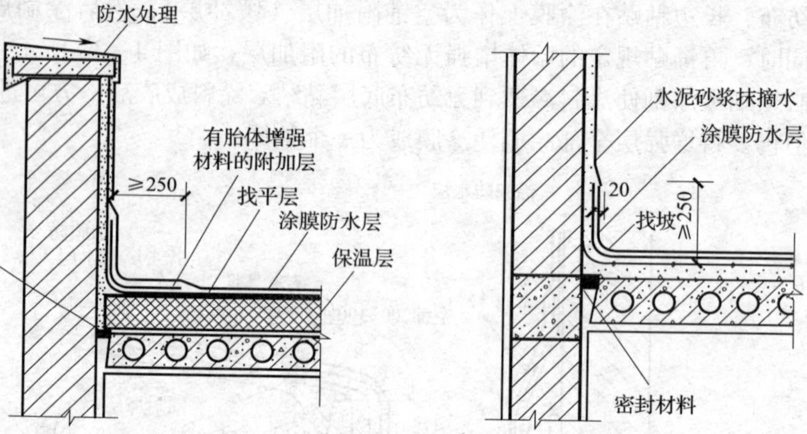

图 4—34　泛水处的防水构造

5. 水落口的防水构造

水落口处是屋面上受降水冲刷最集中的部位，是屋面上渗漏最多之处，必须认真处理好。水落口杯穿过屋面结构层的孔隙要切实捣固密实，堵塞漏水的通道，尤其是内排水，要在水落口杯的周围先留 20 mm 宽、20 mm 深的凹槽，再用密封材料填嵌密实，这是防水的第一道设防，然后做好水泥找平层，经干硬后，方可涂刷第一遍防水涂料。随即加铺一层胎体增强材料，应将胎体增强材料剪开铺贴伸入杯口内 50 mm，粘贴牢固平服，当涂膜实干后，再涂刷第二遍防水涂料，然后再铺贴一层胎体增强材料，待涂膜干燥后再涂刷第三层涂料，如图 4—37 所示。

水落口的杯口处增加涂层的厚度对周围的排水不得产生不良影响，不得有积水现象。

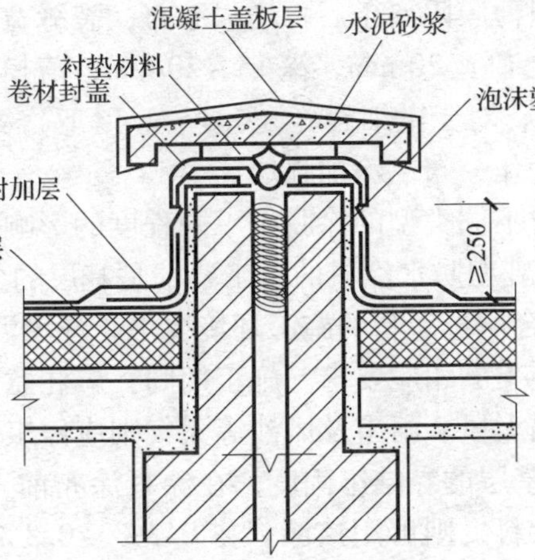

图 4—35　变形缝的防水构造 1

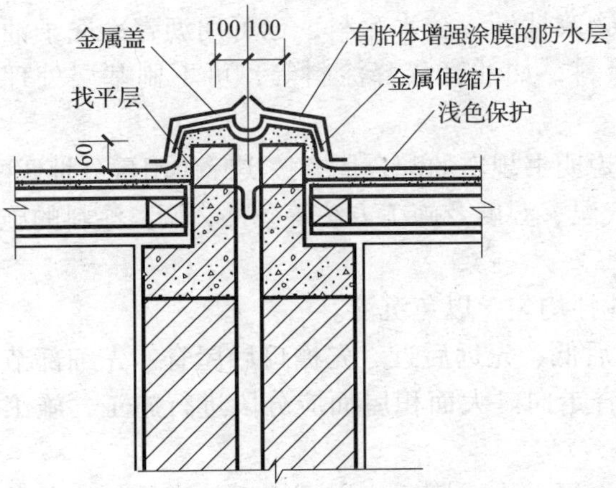

图 4—36　变形缝的防水构造 2

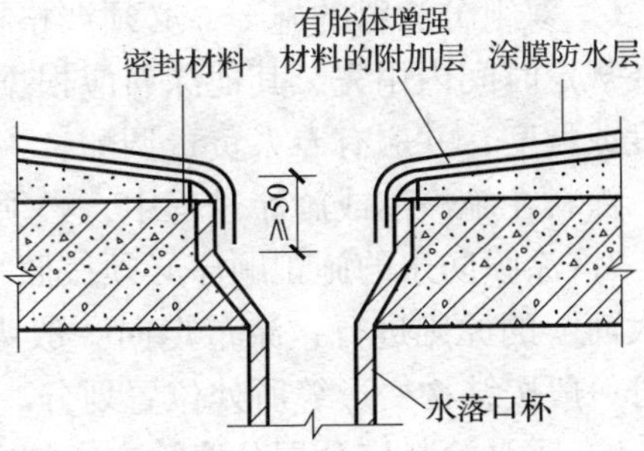

图 4—37　水落口的防水构造

三、涂膜防水层施工的一般要求

1．施工人员应了解所选用防水涂料的基本特征和施工特点，并根据设计要求和操作规程先试作样板，以确定涂膜实际厚度和涂刷遍数、次序、涂布时间间隔、单位平方米涂料总用量等参数，经质检部门鉴定合格后，再进行正式大面积施工。

2．注意涂料与胎体增强材料的配套，酸碱度（pH 值）小于 7 的酸性防水涂料应选用低碱或中碱的玻璃纤维产品，酸碱度（pH）值大于 7 的碱性涂料则应选用无碱玻璃纤维布，以免强碱防水涂料腐蚀中低碱玻璃纤维布，使玻璃纤维布的强度降低。

3．对基层必须进行认真检查和必要的处理，要求基层表面平整、光洁、干燥，不得有酥松、起砂、起皮等现象。强度和坡度符合设计要求。

找平层的平整度可用 2 m 长的直尺检查，基层与直尺间的间隙不应超过 5 mm，空隙仅允许平缓变化，每米长度内不得多于 1 处。如果找平层平整度超过规定要求，则应将凸起部位铲平，低凹处用掺 15% 的 107 胶水泥砂浆补抹或用 107 胶水泥浆涂刷；起砂、起皮处应将表面清除，用掺入 15% 的 107 胶水泥砂浆涂刷，并抹压光。

对于基层裂缝较大部位（0.3 mm 以上）可在裂缝处用密封材料刮缝，其厚度为 2 mm，宽度为 30 mm，上铺塑料薄膜隔离条后再增强涂布；裂缝宽度超过 0.5 mm 时，应沿裂缝将找平层凿成 V 形缝，其上口宽 20 mm，深 15 ~ 20 mm，清扫干净，缝中嵌填密封材料，再沿缝作 100 mm 宽的涂料层；对于微细裂缝（0.3 mm 以下）处，可刮嵌密缝材料，然后增强涂布防水涂料或在裂缝处作一布二涂加强层。

基层含水率的大小对不同类型的涂膜有不同程度的影响。国外一般将基层的含水率控制在 8% 以下，国内对于水乳型防水涂料的施工要求是基层的含水率在 12% 左右。

4．施工环境必须符合所选涂料的施工环境要求，环境温度不得低于涂料正常成膜温度，相对湿度也应符合涂料施工的相应要求。施工期间，应注意气候的变化，不宜在烈日暴晒下施工，如在工作时间内遇大风、雨雪及风沙等天气则应停工。

5．为了增强涂料与基层的黏结牢固度，在涂料涂布前，必须对基层先刷一道基层处理剂。若使用水乳型防水涂料，则可用该涂料掺 0.2% ~ 0.3% 乳化剂的水溶液（或软水）稀释（质量配比 1∶0.5 ~ 1∶1）作基层处理剂，如无软水，可用冷开水代替，切忌使用一般天然水或自来水；若使用溶剂型防水涂料，可直接用该涂料薄涂作为基层处理剂，如涂料太稠，可用相应的溶剂稀释后使用；若为高聚物改性沥青防水涂料，也可用沥青冷底子油作为基层处理剂；有些浸润性和渗透性强的涂料，如油膏稀释涂料等，可不刷基层处理剂而直接施工。

6．双组分涂料的施工，必须严格按产品说明书规定的配合比，按实际使用量分批调配，并在规定时间内用完，其他涂料应根据当时气温、湿度及施工方法等条件，调整涂料的施工黏度或稠度，并应有专人负责调配。

涂料在施涂前或施涂过程中，必须充分搅拌均匀，以免沉淀。

7．涂膜防水的施工顺序必须按照“先高后低、先远后近、先檐口后屋脊、先细部节点后大面”的原则进行，涂布走向一般为顺屋脊走向。大面积屋面应分段进行施工，施工段划分一般按结构变形缝所处位置划分。

8．防水涂料应分层分遍涂布，待前一道涂层干燥成膜后，方可涂后一道涂料。各种防水涂料都有不同的干燥时间，干燥有表干和实干之分，在施工前必须根据气候条件，经试验确定每遍涂刷的间隔时间和涂料用量。

9．整个防水涂膜施工完成后，应有不少于 7 天的自然养护期，以使涂膜具有足够的黏结强度和抗裂性。养护期间不得上人行走或在其上操作、直接堆放物品，以免刺穿或损坏涂层。

四、涂膜防水施工工艺

1．施工准备工作

（1）技术准备。进行施工图样及施工方案的技术交底，明确涂料防水层的施工方法和适用范围及细部构造的处理方法；确定质量目标、检验程序和项目，以及施工记录的内容要求。

（2）材料准备。确定涂膜材料及配套材料的数量（材料用量与涂膜厚度可参考表 4—13 和表 4—14），准备存放库房和安全防护用品；进场涂料应经抽样复验，技术性能符合质量标准。

（3）作业条件准备

1）屋面坡度符合设计要求。涂膜防水适宜在平屋顶（结构找坡宜为 3%，材料找坡宜为 2%）上使用。

表 4—13 **水乳型或溶剂型薄质防水涂料的厚度与用量参考**

层次	一层做法	二层做法		
	一毡二涂（一毡四胶）	二布三涂（二布六胶）	一布一毡三涂（一布一毛六胶）	一布一毡四涂（一布一毡八胶）
胎体增强材料	聚酯毡一层	玻璃纤维布二层	聚酯毡、玻璃纤维布各一层	聚酯毡、玻璃纤维布各一层
涂料总量（kg/m^2）	2.4	3.2	3.4	5.0
涂膜总厚度（mm）	1.5	1.8	2.0	3.0
第一遍（kg/m^2）	刷涂料0.6	刷涂料0.6	刷涂料0.6	刷涂料0.6
第二遍（kg/m^2）	刷涂料0.4，铺毡一层，毡面刷涂料0.4	刷涂料0.4，铺玻璃纤维布一层，布面刷涂料0.3	刷涂料0.4，铺毡一层，毡面刷涂料0.3	刷涂料0.6
第三遍（kg/m^2）	刷涂料0.5	刷涂料0.4	刷涂料0.5	刷涂料0.4，铺毡一层，刷涂料0.3
第四遍（kg/m^2）	刷涂料0.5	刷涂料0.4，铺玻璃纤维布一层，刷涂料0.3	刷涂料0.4，铺玻璃布一层，布面刷涂料0.3	刷涂料0.6
第五遍（kg/m^2）		刷涂料0.4	刷涂料0.5	刷涂料0.4，铺玻璃纤维布一层，布面刷涂料0.3
第六遍（kg/m^2）		刷涂料0.4	刷涂料0.4	刷涂料0.6
第七遍（kg/m^2）				刷涂料0.6
第八遍（kg/m^2）				刷涂料0.6

表 4—14 **反应型薄质防水涂料的厚度与用量参考**

层次	纯涂层		一层做法
	二涂	二涂	一毡二涂（一毡三胶）
胎体增强材料			聚酯毡或化纤毡
涂料总量（kg/m^2）	1.2~1.5	1.8~2.2	2.4~2.8
涂膜总厚度（mm）	1.0	1.5	2.0
第一遍（kg/m^2）	刮涂料0.6~0.7	刮涂料0.9~1.1	刮涂料0.8~0.9
第二遍（kg/m^2）	刮涂料0.6~0.8	刮涂料0.9~1.1	刮涂料0.4~0.5，铺毡一层，刮涂料0.4~0.5
第三遍（kg/m^2）			刮涂料0.8~0.9

2）找平层已检查验收，其强度和表面质量合格，含水率符合要求。

3）消防设施齐全，安全设施可靠，劳保防护用品已能满足施工操作需要。

4）屋面上安设的一些设施已安装完毕并经验收通过。

5）天气预报近期无雨、雪、雾和5级及其以上大风天气，符合水乳型涂料（包括沥青基及合成高分子防水涂料）施工环境温度（5～35℃）和溶剂型涂料的施工环境温度（-5～35℃）的要求。

2. 薄质防水涂料施工

薄质防水涂料一般有反应型、水乳型或溶剂型的高聚物改性沥青防水涂料或合成高分子防水涂料。目前常用的薄质防水涂料有再生橡胶沥青防水涂料、氯丁胶沥青防水涂料、丁基橡胶改性沥青防水涂料、丁苯橡胶改性沥青防水涂料、聚氨酯防水涂料、焦油聚氨酯防水涂料、APP防水涂料、硅橡胶防水涂料等。由于涂料的品种不同，其性能、涂刷遍数、涂刷的时间间隔都有一定的差异。

（1）施工工艺流程。薄质防水涂料的主要施工方法有刷涂法和刮涂法，结合层涂料可以采用喷涂或抹涂法施工。薄质防水涂料的施工工艺流程如图4—38和图4—39所示。

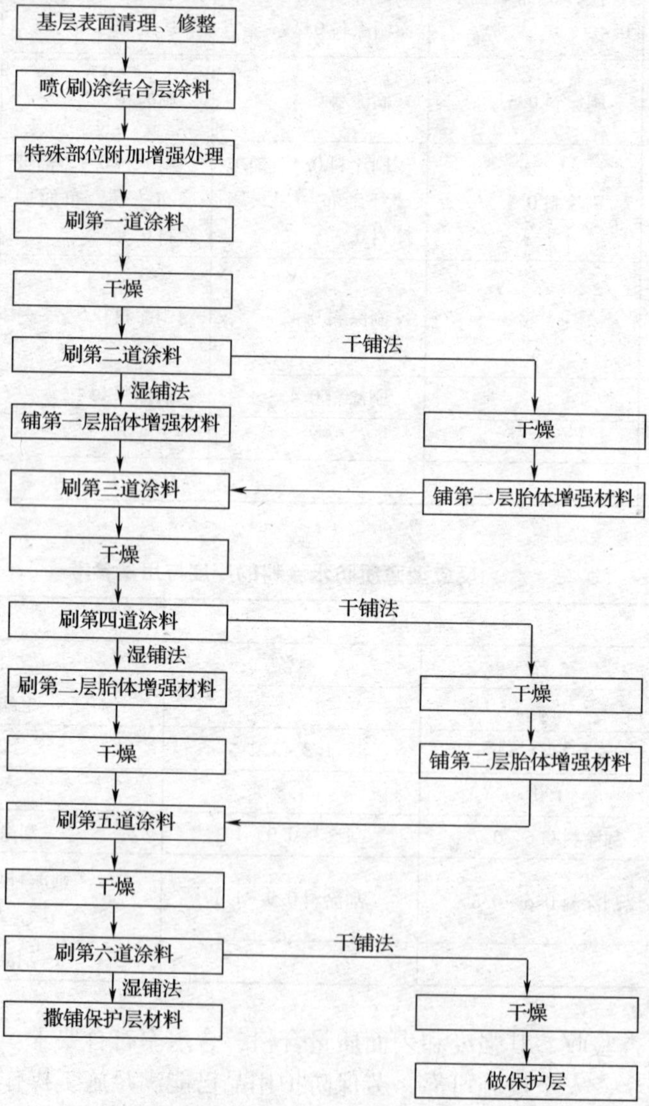

图4—38　水乳型或溶剂型薄质防水涂料二布六涂施工工艺流程

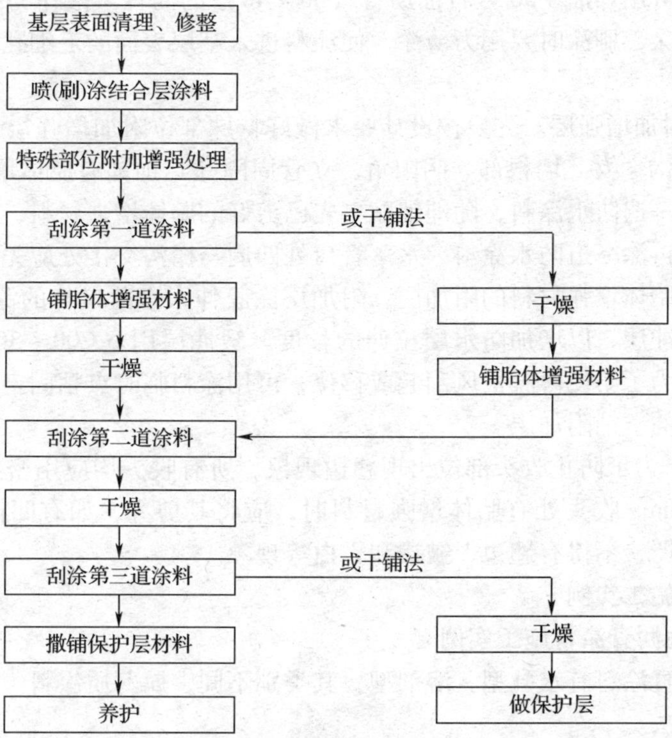

图 4—39　反应型薄质防水涂料一布三涂施工工艺

（2）涂料配制。防水涂料有单组分和双组分之分，若是单组分涂料，应将桶装涂料倒入开口大容器内，采用搅拌器搅拌均匀，并用过滤布将杂质、结膜等滤去后即可使用。

双组分防水涂料的每份涂料必须在配料前搅拌均匀，配料应严格按照配比现场配制，配料计量其误差不得超过 ±5% 范围。涂料混合时，应先将主剂放入搅拌器内，然后放入固化剂并立即搅拌 3 ~ 5 min，使之充分混合均匀，颜色一致，如涂料稠度太大涂布困难时，可根据厂家提供的品种和掺量建议适当掺入稀释剂。配料时要注意，每次配量应根据涂布施工速度和涂料的固化时间确定。所使用的机器搅拌器功率要大，但旋转速度不宜太高，以防止因旋转速度过快将空气裹入，导致涂刷时涂膜容易起泡。

（3）涂层厚度控制。涂层厚度直接影响防水质量，一般在涂膜防水施工前，必须根据设计要求的每平方米涂料用量、涂膜厚度及涂料材性，事先试验确定每道涂料的涂刷厚度以及每个涂层需要涂刷的遍（道）数。一般要求面层至少要刷涂两遍以上，合成高分子涂料还要求底层涂层的厚度应有 1 mm 方能铺设胎体增强材料。

（4）操作方法

1）基层处理。结合层涂料又称基层处理剂。在涂料涂布前，先喷（刷）涂一道较稀的涂料，以增强涂料与基层的黏结。结合层涂料的使用应与涂层涂料配套使用，若使用水乳型防水涂料，可用掺 0.2% ~0.5% 乳化剂的水溶液或软化水将涂料稀释，其配合比为防水涂料 + 乳化剂溶液（或软水）[1 + （0.5 ~1.0）]。如无软化水，可用冷开水代替，切忌使用一般水（天然水或自来水）。若使用溶剂型防水涂料，由于其渗透能力比水乳型防水涂料强，可直接用涂料薄涂一遍，若涂料较稠，可用相应的稀释剂稀释后再使用。对于高聚物改性沥青防水涂料，可用煤油 +30 号石油沥青（60 +40）的沥青溶液作为结合层涂料。结合层涂料应喷涂或刷涂，刷涂时要用力薄涂，使涂料进入基层表面的毛细孔中，使之与基层牢固结合。

2）特殊部位附加增强层。先要按设计要求做好特殊部位附加增强层，即在屋面细部节点（如水落管、檐沟、女儿墙根部、阴阳角、立管周围等）加铺有胎体增强材料的附加层，首先在该部位涂刷一遍防水涂料，随即铺贴事先已剪好的胎体增强材料，然后用软刷反复干刷、贴实、干燥后再涂一道防水涂料。水落管口处四周与檐沟交接处应先用密封材料进行密封，再加铺有两层胎体增强材料的附加层，附加层涂膜伸入水落口杯的深度不少于 50 mm。在板端处应设置缓冲层，以增加防水层拉伸的长度。缓冲层用宽 200 ~ 300 mm 的聚乙烯薄膜空铺在板缝上，为了不使薄膜被风刮起或移位，可用涂料临时点粘固定，塑料薄膜之上增铺有胎体增强材料的空铺附加层。

3）收头处理。为了防止收头部位出现翘边现象，所有收头均应用密封材料封边，封边宽度不得小于 10 mm。收头处有胎体增强材料时，应将其剪齐，如有凹槽则应将其嵌入槽内，用密封材料嵌严，不得有翘边、皱褶和露白等现象。

五、涂膜防水施工实例

1. 高聚物改性沥青涂料施工实例

高聚物改性沥青涂料有水乳型、溶剂型，其类别不同，属薄质涂料。现介绍氯丁胶乳沥青防水涂料施工方法。

（1）施工前的准备

1）材料准备。按设计要求和实际防水层的面积，参考表 4—15 计算备料的数量。凡进场的氯丁胶乳沥青防水涂料，必须抽样测试合格后方可使用。

表 4—15　　氯丁胶乳沥青防水层每平方米用料量参考

材料名称	三道涂料	一布四油	二布六油
氯丁胶乳沥青涂料	1.5 kg	2 kg	2.5 kg
无纺布		1.13 m^2	2.25 m^2
膨胀蛭石		0.6 kg	0.6 kg

2）工具准备。小型平铲、扫帚、钢丝刷、高压吹风机、喷涂器、料桶、油漆刷、长柄棕刷、长把滚刷、剪刀、卷尺、开刀等工具。

（2）基层处理

1）认真清除基层的浮浆、杂物、灰尘。基层应干燥，含水率不大于 9%。溶剂型防水涂料对基层的干燥要求更高。

2）涂刷基层处理剂。须根据不同类别的防水涂料，选用材性相容的基层处理剂；也可用氯丁胶乳沥青防水涂料，加水 50% ~100% 稀释，充分搅拌，涂刷均匀，完全覆盖，不得见白露底。

3）做好接缝及细部构造附加层。

（3）氯丁胶乳沥青防水涂料施工

1）底涂层施工。待附加层干燥后，按先立面后平面、先高层后低层、先远端后近端的顺序满涂氯丁乳化沥青防水涂料一道，厚薄要均匀不露底。掌握涂层的实干时间一般为 6 ~ 12 h，实干后方可进入下一道工序。

2）铺贴无纺布。当底涂层实干后，铺贴第一层无纺布的同时涂刷第二层涂料，须从屋面排水最低处开始铺贴，无纺布的长边搭接宽度不小于 50 mm，短边搭接宽度不小于 70 mm,铺贴时用毛刷将布展平、排除气泡，并使涂料浸透布纹，不得有白茬、褶皱。为了操作方便，无纺布可卷成卷边向前铺展边贴。

当第二层涂料实干后，一般隔 24 h 可涂刷第三道涂料，要求涂刷均匀，不得出现漏刷和不匀现象。

待第三道涂膜实干后，一般隔 24 h 后方可铺贴第二层无纺布，同时涂刷第四道涂料。无纺布的长边接缝应与第一层无纺布错开幅宽的 1/3。上下层无纺布不准垂直铺贴。

3）刷最上层涂料。氯丁胶乳沥青防水涂料不易做成轻薄的涂膜，表面涂刷层不能过薄，因为过薄不耐老化。当涂膜老化后容易露出无纺布，失去防水作用，同时涂刮一遍也很难达到其厚度和均匀度的要求。最上层涂层应至少涂刷两遍。其厚度不小于 1 mm。

4）保护层施工。不上人屋面在涂刷好最上层涂料时，撒蛭石。要求撒匀、粘牢。未粘牢的蛭石可在涂层干透后扫掉。

上人屋面的保护屋按设计规定施工。

2. 合成高分子防水涂料施工实例

合成高分子防水涂料有溶剂型、水乳型、单组分、双组分反应型等。施工前要掌握各类防水涂料的性能、特性和配合比。现介绍聚氨酯煤焦油防水涂料（双组分反应型属薄质涂料）施工方法。

（1）施工前的准备

1）材料准备与检测。按设计对屋面防水层的构造要求，涂层厚度、保护层的做法等，以及实际防水面积，参考表 4—16 计算备料的数量。

表 4—16　　聚氨酯煤焦油防水层每平方米用料量参考表

材料名称	涂膜厚度（mm）			
	1	1.5	2	3
聚氨酯涂料用量（kg/m^2）	1.2 ±0.2	1.7 ±0.2	2.4 ±0.2	36 ±0.2
乙酸乙酯	用于清洗手上的涂料，取适量			
二甲苯	用于清洗工具，取适量			
二丁酯	涂料太稠不易施工时稀释用			
硫酸或苯磺酰氯	涂料固化过快时作缓固剂使用			

对进场的聚氨酯煤焦油防水涂料，必须抽样测试合格后方可使用。

2）工具准备。施工工具是做好防水层的主要条件，详见表 4—17。

（2）涂膜基层的验收

1）涂膜基层表面应抹平压光，不允许有凸凹不平、壳裂、松动和起砂等。

2）排水口或水落口部位应低于防水层，排水坡度准确，不应有积水现象，按规定设置分格缝。

表4—17 聚氨酯煤焦油防水层施工工具

工具名称	用途	工具名称	用途
电动搅拌器	混合甲乙料	油漆刷	涂刷涂料
圆形搅拌桶	混合甲乙料	铁抹子	修补基层
料桶	装混合料	油漆铲刀	清理基层
橡皮刮板	涂刮涂料（立面用）	砂布	清理基层
塑料刮板	涂刮涂料（平面用）	拖把	清理基层
台秤	称量	吹尘器	清理基层

3）所有和基层相连接的管件、砌体等必须安装和砌筑完毕，接缝严密，无松动现象。阴阳角处的圆弧和钝角都符合标准。

4）保温层屋面的纵横排气槽都贯通，在交叉口须安装排气管，高度要超过防水层300 mm以上。确定排气管能排出气，用手触摸管口有潮湿感。

5）基层砂浆强度必须大于5 MPa。

6）基层含水率须严格控制在8%以内。各种合成高分子涂料对基层含水率有严格的要求，因为基层的含水率是直接影响涂层与基层的黏结力和使涂层起泡的主要原因，所以要求基层必须干燥。

（3）清除基层表面的灰尘。铲除基层面的灰疙瘩，清扫干净，用吹风机吹尽灰尘。

（4）配料。配料应在所有准备工作都达到标准后进行。甲、乙料的配比一般为1:（1.8~2.0）（质量比）或按生产厂家的规定进行配比，计量要准确，配料量应根据工程用量和用料的速度来决定，一般配好的混合料应在30 min内用完。

配料时，先加甲组分，后加乙组分，随后用手持电动搅拌器（200~300 r/min）搅拌2~3 min，也可采用人工搅拌。

由于聚氨酯煤焦油防水涂料是通过各组分的配料发生化学反应，由液态变为固态，所以各组分的配料计量不准确和搅拌不匀会影响混合料的充分化学反应，造成涂料性能指标下降，配成的混合料应在固化前用完，已固化的涂料不能再和未固化的涂料混合使用。

（5）节点处理

1）板端头缝处理方法。在板缝两边涂刷一遍胶，宽度大于100 mm，将无纺布裁成200 mm宽放在板缝处，并在无纺布上涂刷一遍涂料，干后再涂刷两遍聚氨酯煤焦油防水涂料，无纺布应粘贴呈U形。

2）伸出屋面的管道、排气管、预埋件等的处理方法。管壁四周采用溶剂和钢丝刷，彻底清除锈斑和杂物，在塑料管周要用砂布和钢丝刷打毛。在管道根部用密封膏嵌缝。涂布聚氨酯煤焦油防水涂料，涂高不少于150 mm，加贴无纺布，在大面积涂刷时，再向上涂高至250 mm。

3）阳角处理。阳角处由于上人后容易磨损，施工时应抹成钝角，涂刷聚氨酯煤焦油防水涂料时，加贴无纺布宽度在100 mm左右，以增加其厚度和强度。

（6）大面积平面施工。屋面上的各个节点处理完毕后，经检查合格、涂膜干燥后，即可大面积涂布，应自上而下进行，在涂布时将搅拌均匀的混合料倒在施工的部位上，随用刮板将涂料均匀摊平、刮匀，第一道应保持厚度在0.6 mm左右，第一道涂层干燥应以能上人为标准，一般干燥时间夏季约为8 h，秋季为12 h，冬季为24 h左右。检查第一道涂层是否有空鼓、气孔、固化不良之处，若有则用聚氨酯煤焦油腻子嵌补后方可涂布第二道。第二道涂层的方向应与第一道涂层的方向垂直，其总厚度应为1.5 mm左右。干燥后，再涂第三道涂层，方法与第一道涂层相同，达到设计规定的厚度。

（7）立面施工一般采用塑料簸箕，其口上可安装一块橡皮刮板，施工时将簸箕口与施工墙面成60°，由下向上刮涂，至少涂布两遍，以确保施工质量与厚度。亦可用毛刷直接涂刷。对无规则的特殊施工部位，无法直接使用刮板等工具，故以采用漆刷等工具涂刷为主。为了确保所需厚度，可用多次涂刷的方法。

六、涂膜防水施工安全技术

1．对施工操作人员进行安全技术教育，使施工人员对所使用的防水涂料的性能及所采取的安全技术措施有较全面的了解，并在操作中严格执行劳动保护制度。

2．热塑涂料加热时，应有专人看管，涂料塑化后入桶，运输和作业过程中必须小心防止烫伤。

3．涂刷有害身体的涂料时，须戴防毒口罩、密闭式防护眼镜和橡皮手套，并尽量采用涂刷或涂刮法，少用喷涂，以减少将飞沫及气体吸入体内，操作时应尽量站在上风口。

4．采用喷涂施工时，应严格按照操作程序施工，严格控制空压机风压，喷嘴不准对人，随时注意喷嘴畅通，要警惕塞嘴爆管，造成安全事故。

5．手上或皮肤上粘有涂料时，尽量不用有害溶剂（汽油、苯等）洗涤，可用煤油、肥皂等洗涤，再用温水洗净。下班后或吃饭前必须洗手、洗脸，与有毒涂料接触时间较长时应淋浴冲洗。

6．施工人员在操作过程中，感觉头痛、心悸、恶心时，应立即离开工作地点，到通风处休息。

7．沾有涂料的棉丝、破布、油纸等废物应收集放入有盖的金属容器内，及时进行处理，不得乱扔。

8．在易燃涂料施工现场，应设置禁火区域，必须事先办理动火许可证，配备足够的消防器材。

9．施工完毕，未用完的涂料和稀释剂应及时清理并退回库内。

七、涂膜防水层工程质量验收规定

1．检验数量

应按屋面面积每100 m^2抽查一处，每处10 m^2，且不得少于3处。

细部构造应全部进行检查。

2．基本规定

（1）适用于防水等级为Ⅰ～Ⅳ级屋面防水。

（2）防水涂料应采用高聚物改性沥青防水涂料、合成高分子防水涂料。

（3）防水涂膜施工应符合下列规定：

1）涂膜应根据防水涂料的品种分层分遍涂布，不得一次涂成。

2）应待先涂的涂层干燥成膜后，方可涂后一遍涂料。

3）需铺设胎体增强材料时，屋面坡度小于15%时可平行屋脊铺设，屋面坡度大于15%时应垂直于屋脊铺设。

4）胎体长边搭接宽度不应小于50 mm，短边搭接宽度不应小于70 mm。

5）采用两层胎体增强材料时，上下层不得相互垂直铺设，搭接缝应错开，其间距不应小于幅宽的1/3。

（4）涂膜厚度选用应符合规定。

（5）屋面基层的干燥程度应视所用涂料特性确定。当采用溶剂型涂料时，屋面基层应干燥。

（6）多组分涂料应按配合比准确计量，搅拌均匀，并应根据有效时间确定使用量。

（7）天沟、檐沟、檐口、泛水和立面涂膜防水层的收头，应用防水涂料多遍涂刷或用密封材料封严。

（8）涂膜防水层完工并经验收合格后，应做好成品保护。

3．主控项目

（1）防水涂料和胎体增强材料必须符合设计要求。检验方法是检查出厂合格证、质量检验报告和现场抽样复验报告。

（2）涂膜防水层不得有渗漏或积水现象。检查方法是雨后或淋水、蓄水检验。

（3）涂膜防水层在天沟、檐沟、檐口、水落口、泛水、变形缝和伸出屋面管道的防水构造，必须符合设计要求。检验方法是观察检查和检查隐蔽工程验收记录。

4．一般项目

（1）涂膜防水层的平均厚度应符合设计要求，最小厚度不应小于设计厚度的80%。检验方法是针测法或取样测量。

（2）涂膜防水层与基层应黏结牢固，表面平整，涂刷均匀。

八、质量缺陷及防治措施

屋面涂膜防水施工质量缺陷及防治措施见表4—18。

表4—18　　屋面涂膜防水施工质量缺陷及防治措施

质量缺陷	原因及防治措施
咬底	①面层涂料把底层涂料的涂膜软化、膨胀、吹起。原因是一般底层涂料上刷涂强溶剂型面涂料，防治办法为底层涂料和面层涂料应配套使用 ②底层涂料未完全干燥前就涂刷面层涂料造成。防治方法是待底层涂料完全干燥后，再涂刷面层涂料。涂刷面层涂料时动作不迅速，复涂刷次数过多。防治方法是涂刷强溶剂型涂料，应技术熟练，操作正确、迅速，反复次数不宜过多
防水层破损	①防水层施工完毕后防水层出现局部破损。因涂料较薄，在施工中保护不好，或涂膜施工质量较差，基层强度太低，应坚持按施工程序施工，待屋面上其他工程全部完工再进行防水层施工 ②当基层出现强度不足或疏松、塌陷等现象时，应及时返工修补直到符合基层要求。防水层施工中，应严格检查，保证质量，施工完毕后一周内不准上人
针孔	①由于涂料在涂布后溶剂急剧挥发，使涂料液体来不及补充而形成许多圆形小穴 ②由于涂料施工黏度过大、施工环境温度较低、涂料搅拌气泡未消就被使用而造成。防治方法是应调整涂料的施工黏度，施工环境湿度应适宜，涂料搅拌后，应静放一段时间后再用

续表

质量缺陷	原因及防治措施
针孔	③溶剂搭配不当，低沸点挥发性溶剂用量过多，造成涂膜表面迅速干燥，而底部的溶剂不易逸出。防治方法是应注意溶剂的搭配，控制低沸点溶剂的用量 ④在35℃以上的温度下喷涂或刷涂含有低沸点、挥发快的防水涂料。防治方法是应在较低温度下进行施工 ⑤喷涂施工时喷枪压力过大、喷嘴孔径过小、离被涂面的距离太近。防治方法是应掌握好喷涂施工技术 ⑥涂料中有水分、空气中有灰尘。防治方法是在配制和使用涂料时应防止水分混入，风沙天不宜施工
流挂、流淌	①因涂料施工时黏度过低，涂膜太厚，造成涂料产生流淌使涂膜厚薄不匀，开成旧痕，重者有似帷下垂状。防治方法是调整涂料的施工黏度，每遍涂料的涂刷厚度应控制合理 ②因施工场所的温度太高，涂料干燥又较慢，在成膜中流动性较大。防治方法是应加强施工场所的通风，选用干燥速度较快的涂料品种 ③应选择与涂料配套的稀释剂。注意稀释剂的挥发速度和涂料干燥时间的平衡防治 ④因涂布面凹凸不平，在凹处涂料太多而造成的。防治方法是应尽量使基层平整，凹凸处用水泥砂浆或腻子填平再进行涂料层施工，刷涂时用力均匀 ⑤因施工环境温度过低、湿度过大、涂料干燥慢造成。防治方法是环境温度和湿度应与涂料的要求相符，一般以5～25℃为宜，相对湿度以50%～75%为宜 ⑥因所选用的毛刷太大，刷毛太长、太软，或刷子蘸涂料太多。防治方法是选择适宜的刷子，刷毛要有弹性、耐用，根粗梢细鬃厚口 ⑦使用喷枪时，因喷枪口径过大或喷涂压力不均匀或喷枪与施涂面的距离未保持一致。防治方法是选用合适的喷嘴孔径，调整空气压缩机压力，使压力均匀，气压大小应与所选用涂料的要求相适应，距离调整至合适。保持一致，均匀移动
黏结不牢	①由于防水涂膜与基层或涂膜层与涂膜层之间失去黏性，以致涂膜与基层或涂膜与涂膜脱开；基层表面不平整、不清洁、涂料成膜厚度不足。防治方法是基层应平整、密实、清洁，局部有高低不平处应事先修补平整并清扫干净，每遍涂料厚度应适宜 ②在水泥砂浆基层上过早涂刷涂料或铺贴玻璃纤维布，破坏了水泥砂浆的原生结构。防治方法是在水泥砂浆基层上涂刷涂料和铺贴玻璃纤维布时，砂浆应有7天以上养护期，砂浆强度应达到5 MPa以上 ③基层过分潮湿，水分或溶剂蒸发缓慢，影响胶粒分子链的热运动，不利于成膜。防治方法是控制涂料的施工温度在10～30℃，不能在0℃以下施工，以选晴朗、干燥的日子为佳。涂料施工时，基层含水率宜控制在5%～8%，且不允许基层表面有水珠，也不得在雾天和雨雪天施工 ④由于防水涂料施工期间突然下雨造成。防治方法是掌握天气预报情况并配置防雨塑料布，供下雨时及时覆盖，表面干燥的涂膜可抵抗雨水的冲刷而不影响与基层的黏结 ⑤采用连续作业法施工，工序与工序之间没有必要的间隔时间。防治方法是防水层涂料施工的每道工序之间一般应有12～24 h的间隔，并以24 h为佳，施工完后养护7天 ⑥铺贴玻璃纤维布时，涂料未渗透玻璃纤维布使上下涂层结合不牢。防治方法是选用与涂料配套的玻璃纤维布，其中以100D和120D为佳，这类产品平整、抗断裂强度高、渗透性好 ⑦施工中使用已经变质失效的涂料，不注意底层涂料与面层涂料的配套。防治方法是选择附着力和润湿性较好的涂料
保护层材料脱落	①颗粒保护材料与涂层黏结不牢，在雨水冲刷时脱落，原因是撒布细砂、云母粉、蛭石粉等颗粒保护材料时涂膜已干，失去黏性。防治方法是在最后一遍涂料涂刷后且涂料未干时撒布颗粒保护材料并及时滚压，使之粘牢 ②未对保护材料进行滚压，保护材料与涂层黏结不牢，或保护材料颗粒过粗，细粉、杂质太多。防治方法是使用的材料颗粒不宜过粗，使用前应筛去杂质、泥块和颗粒较粗的粒料及过细的粉料，必要时还

续表

质量缺陷	原因及防治措施
保护层材料脱落	应冲洗和烘干；在撒布保护材料时应边撒布均匀，边用表面包胶皮的铁辊滚压，使保护材料嵌入涂层 ③处理方法不当。防治方法是先将屋面上未粘牢的保护层材料清扫干净，再涂刷一层防水涂料，然后边撒保护材料（细砂、蛭石粉、云母粉等），边滚压使之粘牢
渗漏	①防水层失效，雨水渗过防水层。原因是设计涂层厚度薄，防水层结构不合理。防治方法是在屋面配置玻璃纤维布、化纤无纺布等加筋材料，并确保涂层的设计厚度。薄质涂料的防水层采用一布二涂和二布三涂构造，涂层总厚度不得小于 2 mm，厚质涂料一布二涂构造的厚度为 3 ~ 4 mm，二布三涂的厚度为 4 ~ 6 mm，面层应设置保护层 ②特殊部位处理不符合规范要求。防治方法是屋面板的接缝端部增设空铺附加层，板缝用油膏嵌严，在女儿墙、天沟、雨水口、排气管等特殊部位另加铺玻璃纤维布 1 ~ 2 层，以增防水层的抗渗能力防治。防水层局部失效，雨水渗过防水层，使屋面基层变形较大，地基沉降引起变形，基层强度偏低。提高房屋基层的稳定性，防止基础产生不均匀沉降，提高系统的整体刚度，保温层上或刚度较差的屋面应设置 40 mm 厚 $\phi4@200$ 双向配筋的细石混凝土找平层，混凝土强度等级不得低于 C20 ③防水涂料的延伸性、抗裂性较差。防治方法是按设计规定选用优质防水涂料 ④施工质量粗糙，如基层含水率不符合要求时施工，涂层太薄，普遍露出玻璃纤维布，基层不平，玻璃纤维布铺贴不平，接头搭接太短、不严，涂膜分层不完整，施工缝处理不严，施工期间涂层被雨水冲刷等。防治方法是基层应平整坚实清洁，含水率为 5% ~ 8%；改进操作工艺，保证涂层厚度，每遍涂刷不得过厚或过薄，涂刷层之间不得采用连续作业，应待前一遍涂料干燥后再涂刷后一遍涂料；分段接缝处应选用砂布打磨，用稀释剂恢复涂膜表面的黏性再涂刷防水层，搭接宽度为 70 ~ 150 mm；铺贴玻璃纤维布时，要边刷涂料边摊铺边压实平整，施工中如发现气泡、皱褶时，应及时处理，玻璃纤维布应封口密实；选择气温为 10 ~ 30℃ 的天气施工，避免由于气温过高或过低而影响施工质量；施工期间应避免雨水冲淋涂层，配置防雨塑料布，供下雨时及时覆盖涂层 ⑤由于温度应力引起涂层开裂造成渗漏。防治方法是按构造规定要求设置温度伸缩缝（分格缝），分格缝间距为 6 m 左右，分缝处应按规范要求进行特殊处理
涂膜干裂	①涂膜施工完毕过一般时间后涂膜出现细裂、粗裂和龟裂裂纹，这是因为涂膜干后硬度过高、柔韧性较差。防治方法是面层涂料的硬度不宜过高，选用柔韧性较好的涂料 ②由于催干剂用量过多或各种催干剂搭配不当。防治方法是注意催干剂的用量和搭配 ③由于涂层过厚、表干里不干造成。防治方法是施工中每遍涂料的涂刷厚度不得过厚 ④受有害气体的侵蚀造成。防治方法是在施工中应尽量避免有害气体的侵蚀才能防治 ⑤因面层涂料中的挥发成分太多、涂料收缩量过大造成。防治方法是选择挥发成分较少、收缩量较小的涂料 ⑥涂料使用前未搅拌均匀。防治方法是施工前应将涂料搅拌均匀 ⑦由于基层刚度不足、抗变形能力较差、没有按规定留设温度分格缝、各种缝处未按规定空铺附加层造成。防治方法是保证有足够的刚度，增设 $\phi4@200$ 双向配筋的细石混凝土找平层，厚度不小于 40 mm，分格缝等处空铺附加层
气泡	①因基层的砂料杂物、乳液中有沉淀物质或在湿度较大的气候下施工造成。在施工前将基层清理干净，用筛网过滤涂料，选择晴朗干燥的天气施工 ②施工温度太高或日光强烈照射下涂层太厚或表面结膜太快，在底层涂料未干或遇雨后马上涂面层涂料，底层涂料干结时产生的水分或气体将面层涂层顶起造成。防治方法是施工时涂料的黏度不宜过大，一次成膜厚度不宜过厚，喷涂前应检查油水分离器，防止水汽混入，适当控制喷涂速度，喷涂运动不宜过快，以免带入空气

练习与实训

一、练习题

1. 填空题

（1）Ⅱ级屋面防水，其中一道采用高聚物改性沥青防水涂料，其厚度不小于________mm。

（2）当涂膜防水与卷材防水配合时，应将________放在上层，________防水放在下层。

（3）当涂膜防水与刚性防水配合时，一般将________放在上层，________放在下层，并应在两者之间增设隔离层。

（4）当采用预制装配的天沟、檐沟时，用细石混凝土灌缝时，缝上口有深________mm的凹槽，槽内嵌________。

（5）涂膜施工层施工准备主要包括________、________、________、________等四项准备工作。

（6）涂膜防水层施工方法可分为________、________、________和________四种。

（7）涂膜总厚度在________mm以内的涂料为薄质防水涂料。

（8）水落管口处四周与檐沟交接处应先用密封材料进行密封，再加铺有两层胎体增强材料的附加层，附加层涂膜伸入水落口杯的深度不少于________mm。

（9）为了防止收头部位出现翘边现象，所有收头均应用密封材料封边，封边宽度不得小于________mm。

（10）厚质防水涂料的涂层厚度一般为________mm，有纯涂层，也有铺衬一层胎体增强材料的涂层。

（11）涂膜屋面应按屋面面积每______m^2抽查一处，每处______m^2，且不得少于3处。

（12）胎体长边搭接宽度不应小于________mm，短边搭接宽度不应小于________mm。

（13）涂膜防水层的平均厚度应符合设计要求，最小厚度不应小于设计厚度的________。

2. 简答题

（1）涂膜防水材料应如何选择？

（2）简述涂膜防水涂刷法的操作要点。

（3）简述涂膜防水施工技术的安全要求。

二、实训与指导

“一毡二涂”薄质防水涂料屋面施工

1. 实训目标

熟悉涂膜防水屋面操作工艺，掌握涂膜防水屋面涂膜层施工的基本技术。

2. 实训内容

以某建筑物平屋面为实训场地，若干人为一组，用刷涂法完成指定范围内（包括一处节点，如女儿墙泛水、天沟、雨水口、变形缝、管道根）的一毡二涂涂膜防水屋面的防水层施工。

3. 实训准备

(1) 材料。溶剂型SBS改性沥青防水涂料、基层处理剂、聚酯毡、柴油、清洗剂。根据给定的施工面积计算应准备的用量。

(2) 工具。参见表4—17。

4. 实训步骤

基层处理→刷基层处理剂→节点密封及附加增强处理→刷第一遍涂料→刷第二遍涂料，铺聚酯毡一层，蘸面刷涂料→刷第三遍涂料→刷第四遍涂料。

5. 思考与分析

(1) 进行相关咨询，准备相应资料，准确计算材料用量，按产品说明进行配料。

(2) 准备涂布施工必要的工具及劳保安全防护用品。

(3) 理会操作工艺流程，事先熟悉涂膜方案。

(4) 注意每遍涂刷的重量、厚度及间隔时间。

(5) 实训小组成员要分工明确，配合协调，做到规范操作。

6. 考核内容与评分标准

序号	评定项目	评判标准	满分	检测点					得分
				1	2	3	4	5	
1	基层处理	表面无尘土、砂粒或潮湿处。每个检测点1分，满足得1分，不满足得0分	5						
2	刷基层处理剂	配制达标，先刷边角，再刷大面，均匀无漏底，一次涂好，不反复涂刷。每个检测点1分，满足得1分，不满足得0分	5						
3	节点密封及附加增强处理	按产品说明进行配料，搅拌均匀。附加的范围一般为节点及周边扩大200 mm范围内，刮涂遍数及总厚度符合要求。每个检测点2分，满足得2分，不满足得0分	10						
4	刷第一遍涂料	涂层无气孔、气泡，涂层平整，厚薄适宜。每个检测点3分，满足得3分，不满足得0分	15						
5	刷第二遍涂料，铺聚酯毡一层，蘸面刷涂料	铺聚酯毡尺寸准确，涂料配料和搅拌符合要求，涂料浸透胎体，胎体平展，无褶皱，胎体不外露。每个检测点5分，满足得5分，不满足得0分	25						
6	刷第三遍涂料	涂料配料和搅拌符合要求，涂层无气孔、气泡，涂层平整，厚薄适宜。每个检测点2分，满足得2分，不满足得0分	10						
7	刷第四遍涂料	涂料配料和搅拌符合要求，涂层无气孔、气泡，涂层平整，厚薄适宜。每个检测点2分，满足得2分，不满足得0分	10						
8	安全文明施工	重大事故不合格，一般事故本项无分，未做到工完场清无分，扫而不清扣5分	10						
9	工效	按劳动定额时间进行，超过定额时间10%本项无分，在10%以下酌情扣1～10分	10						

模块三　屋面刚性防水施工

知识技能要求

1. 熟悉屋面刚性防水层的分类。
2. 掌握屋面刚性防水构造设计要求。
3. 掌握屋面刚性防水施工内容。

屋面刚性防水的设计构造简单、取材容易、施工工艺单纯、造价便宜、耐久性好、维修方便，所以被广泛用于一般工业与民用建筑。刚性防水层主要是指在结构层上加一层适当厚度的普通细石混凝土、预应力混凝土、补偿收缩混凝土、块体刚性层作为防水层，依靠混凝土的密实性和憎水性达到防水的目的。

刚性防水屋面所用材料的表观密度大、抗拉强度低、极限拉应变小，混凝土或砂浆易受干湿变形、温度变形、结构变形而产生裂缝，因此刚性防水层的施工必须采取和基层隔离的措施，把大面积的混凝土板块分为小板块，板块与板块的接缝用柔性密封材料嵌填，以柔补刚来适应变形。施工期间尽量少上人在防水层或模板上走动，并防止外界荷载的冲击和振动。

刚性防水屋面主要适用于屋面防水等级为Ⅲ级无保温层的工业与民用建筑，对于屋面防水等级为Ⅱ级以上的重要建筑物，只有与卷材刚柔结合做两道以上防水方可使用。

考虑到保温层的强度低、变形大，易使刚性防水层产生裂缝，故不适用于设有松散材料保温层的屋面。

刚性防水屋面不适用于受较大振动或冲击的建筑。

一、刚性防水层的类型

1. 普通细石混凝土刚性防水层

是指用厚40 mm，C20以上的普通细石混凝土作防水层。施工中应控制水灰比、砂率、石子的粒径、级配、水泥用量等措施以提高混凝土的密实性和抗渗性。浇捣应平整密实，分格的板块用密封材料嵌缝。

2. 掺外加剂细石混凝土刚性防水层

根据技术要求，选择不同品种的外加剂，如减水剂、防水剂等，掺入普通细石混凝土中同时搅拌均匀而成，可以提高密实性、抗渗性。

3. 补偿收缩细石混凝土刚性防水层

这种防水层是在混凝土内加入适量的膨胀剂配制而成的，能使混凝土产生适度膨胀，在钢筋、边界的约束下，将膨胀能转变为压应力，这一压应力可抵消混凝土干缩时产生的拉应力，从而防止混凝土收缩开裂，使混凝土致密化，起到防水的作用。

4. 预应力细石混凝土刚性防水层

在屋面的细石混凝土刚性防水层中，设置先张法的纵横预应力钢筋，提高板面的抗裂性。

5. 钢纤维细石混凝土刚性防水层

在屋面的细石混凝土刚性防水层中，掺入不定向分布的短而不连续的钢纤维，呈三维随机分布，以提高混凝土的抗裂性。

6. 块体刚性防水层

以掺入专用外加剂的防水抗裂水泥砂浆为底层防水层，中间铺砌粘土砖等块材为垫层，用防水水泥砂浆灌缝，并抹面层防水层，称为块体刚性防水层。

本书主要介绍目前常用的普通细石混凝土刚性防水屋面的施工方法。

二、屋面刚性防水的构造

普通细石混凝土刚性防水屋面的一般构造形式如图 4—40 所示。

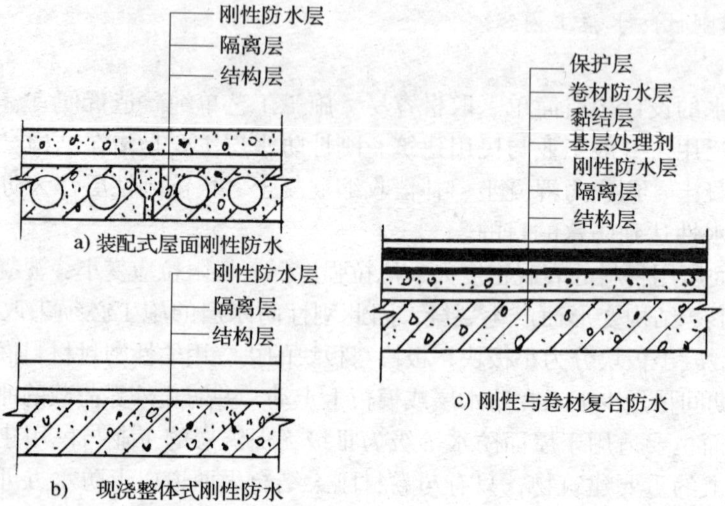

图 4—40 普通细石混凝土刚性防水屋面的一般构造形式

1. 隔离层的设置

混凝土刚性防水层与基层之间应设置隔离层，以使防水层能克服结构层的变形和摩擦力等作用而自由伸缩。

实践证明：钢筋混凝土板块自由伸缩，不会裂缝；当板块被嵌固、咬合限制伸缩就会产生裂缝。屋面的刚性防水层的作用是防水。夏季高温受的辐射热比基层高，冬季时温度又比基层低。结构层的构件断面面积大、配筋率高。如果两者结合在一起，由于温差、干缩、结构三种变形因素不能同步，反而相互牵制，导致刚性防水层产生裂缝和渗漏水。

在防水层和基层之间设置隔离层，使两层之间脱离不黏结。在温差等作用下的刚性防水层有足够的抵抗力，克服结构层的约束，并消除咬合力，可以自由伸缩，消除了结构层变形对刚性防水层的不利影响。

补偿收缩混凝土防水层虽有一定的抗裂性能，但还是设隔离层为佳。

隔离层材料可采用纸筋灰、麻刀灰、低强度砂浆、干铺卷材等，其做法见表 4—19。

表 4—19 隔离层做法

名称	做法	功能
粘土砂浆	石灰膏: 砂: 粘土 = 1: 2.4: 3.6，厚度为 20 mm	起找平、隔离作用，克服防水层与基层之间的黏结力与机械咬合力
石灰砂浆	石灰膏: 砂 = 1: 4，厚度为 20 mm	

续表

名称	做法	功能
毡砂隔离层	1:3 水泥砂浆找平，厚 15 mm，上铺干细砂一层，厚 8 mm，再铺一层卷材	清除防水层与基层之间的咬合力和胶结力
纸筋灰或麻刀灰	厚 17 mm 1:3 石灰砂浆找平，厚 3 mm 纸筋灰或麻刀灰抹平压光	起找平、隔离作用
防水粉隔离层	铺 8 ~ 10 mm 防水粉压实	除隔离外，还有防水作用
油毡隔离层	干铺卷材一层	起隔离和防水作用
薄膜隔离层	找平层上铺厚薄膜一层	起隔离和防水作用
废机油 + 滑石粉隔离层	涂废机油一道，上撒滑石粉一层	消除咬合力、胶着力、黏结力

2. 分格缝的设置

设置分格缝是为了避免刚性防水屋面，因基层变形及本身的变形而引起的开裂，其位置应该是变形较大或较易变形的屋面板支撑端、屋面转折处、刚性防水层与突出屋面结构的交接处（如女儿墙、天窗壁、高低跨、变形缝、烟囱、管道等的根部），如设计无明确规定，应按下列原则设置：

（1）设置在屋面板的端头处，纵横向分格缝交接处必须相通，不宜成为 T 字形缝及 L 形缝；屋脊处应留纵向分格缝。

（2）设置在刚性防水层与突出屋面的交接处的根部。

（3）设置在整浇屋面的转折处及横轴线处。

（4）分格缝纵向、横向的间距不应大于 6 m。

（5）分格缝应与板缝一致，位于开间处，分格缝应延伸到挑檐、天沟内。

3. 细部构造

（1）普通细石混凝土和补偿收缩混凝土防水层的分格缝宽度宜为 20 ~ 40 mm。分格缝中应嵌填密封材料，上部铺贴防水卷材，如图 4—41 所示。

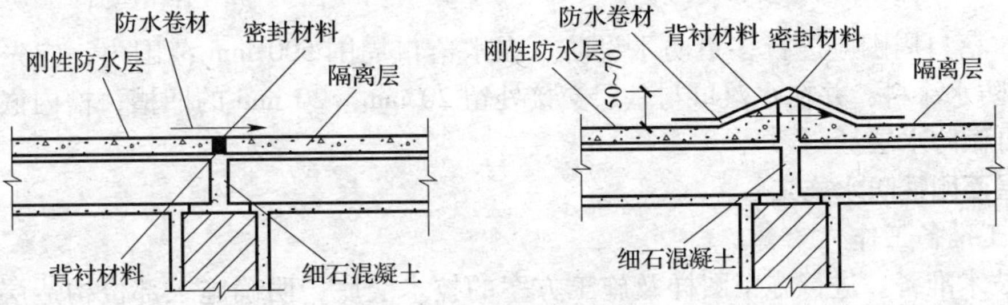

图 4—41　分格缝构造

分格缝条一般用木条刨光，断面尺寸为上口宽 30 mm，下口宽 20 mm，高度和刚性防水层的厚度同，一般为 40 mm。

要求把分格缝边混凝土拍平拍实，边棱整齐，接缝前要求缝内干燥，并用刷缝机或钢丝刷将缝两边浮浆碎渣刷干净，并用空压鼓风机或皮老虎将灰尘吹干净。

根据设计规定在缝的下面填塞背衬材料，刷涂基层处理剂，填嵌密封材料。

（2）细石混凝土防水层与天沟、檐沟的交接处应留凹槽，并应用密封材料封严。天沟、檐沟应用水泥砂浆找坡，找坡前必须检查水落口杯的安装质量，杯口面标高要低于沟底找平层面，沿杯口外径周围留 20 mm 宽、10 mm 以上深的嵌缝槽，用密封材料封嵌密实。当找坡层的厚度小于20 mm，用1∶2. 5 水泥砂浆找坡，如厚度大于20 mm 时宜采用细石混凝土找坡。要求拍压密实平整，坡度准确，没有开裂和脱壳现象。

（3）刚性防水层与山墙、女儿墙交接处应留宽度为 30 mm 的缝隙，并应用密封材料嵌填，在立墙上预留 60 mm ×60 mm 的凹槽；泛水处应铺设卷材或涂膜附加层（宜用合成高分子卷材裁 60 mm 宽，铺贴卷材的上端压入凹槽，再用密封材料封牢，然后用砂浆抹平，也可用合成高分子防水涂膜多遍涂刷，在泛水处宜用胎体增强层），收头做法应符合泛水的要求如图 4—20、图 4—21 和图 4—22 所示。

（4）刚性防水层与变形缝两侧墙体交接处应留宽度为 30 mm 的缝隙，并应用密封材料嵌填；泛水处应铺设卷材或涂膜附加层；变形缝中应填充泡沫塑料或沥青麻丝，其上填放衬垫材料，并应用卷材封盖，顶部应加扣混凝土盖板或金属盖板，如图 4—42 所示。

（5）伸出屋面管道与刚性防水层交接处应留设缝隙，用密封材料嵌填，并应加设柔性防水附加层，收头处应固定密封，如图 4—43 所示。

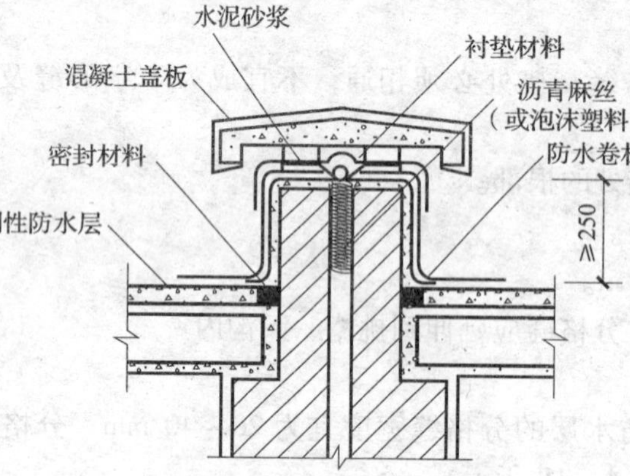

图 4—42　变形缝构造

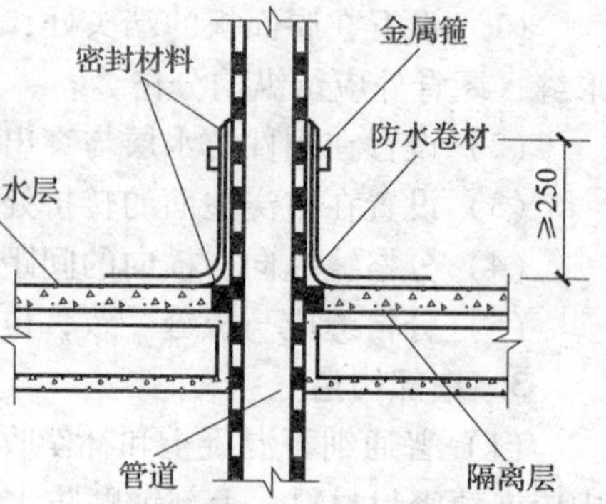

图 4—43　伸出屋面管道防水构造

（6）水落口周围应进行多道防水设防。在水落口周围 500 mm 范围内，应先涂刷一层 2 mm 厚的防水涂料，并在水落口与基层交接处留 20 mm ×20 mm 的凹槽，槽内嵌填密封材料，然后再做防水层。

三、屋面刚性防水施工

1．施工准备工作

（1）技术准备。进行施工图样及施工方案的技术交底，明确施工部位构造层次、施工顺序、施工工艺、质量标准和保证质量的措施等；刚性防水层混凝土配合比、试配结果、强度等级、抗渗级等各项指标符合设计要求。

（2）材料准备

1）根据设计要求的刚性防水层类型，按工程量需要一次备足水泥、砂、石、钢筋或钢纤维及外加剂等材料，保证混凝土能连续一次浇捣完成。

2）进场的各种材料除验看出厂质量证明文件外，还应抽样复试其物理技术性能，其规格、外观质量和物理技术性能必须符合设计要求。

3）材料存放场地、库房的准备。

4）嵌缝材料宜采用改性沥青基密封材料或合成高分子密封材料，北方地区应选用抗冻性较好的密封材料。

5）当防水层采用块体或粉状材料时，亦应按工程量一次备足各类材料，以保证防水层连续施工。

（3）作业条件准备

1）现浇整体钢筋混凝土屋面基层表面平整、坚实，局部不平处用1:2.5水泥砂浆或聚合物水泥浆填平抹实。

2）预应力混凝土预制屋面板的安装应符合施工要求，牢靠稳固，不得有松动现象，板缝大小一致，相邻板面高差不大于10 mm，如高差较大时应用1:2.5水泥砂浆局部找平。

板缝清理干净并洒水充分湿润，随即用细石混凝土灌缝并插捣密实，有条件时灌缝细石混凝土宜掺微膨胀剂，以提高整体刚度，灌缝高度与板面平齐，板底应用板条吊缝，不得用废水泥袋、编织袋、碎砖等填缝底。

3）刚性防水层的排水坡度一般应为2%～3%，宜采用结构找坡。如采用建筑找平，找坡材料应用水泥砂浆或轻质砂浆，以减轻屋面荷载。

4）由室内伸出屋面的水管、通风管、排气管等的安装，屋面上部的设备基础等均需在防水层施工前进行完毕。

5）掌握天气预报情况，24 h内气温不低于5℃时采取日常施工技术措施，否则应采取冬期施工技术措施，施工时气温不宜高于32℃，36 h内应无雨，无五级及其以上大风。

（4）机具、工具准备。施工前应准备好混凝土搅拌、运输、浇筑机具，钢筋加工或预应力张拉机具，铺粉或块材工具以及嵌缝工具等，并应保持运转良好。

2. 隔离层施工

结构层与刚性防水层之间增加一层低强度等级砂浆、卷材、塑料薄膜等材料起隔离、找平作用，使结构层与防水层的变形互不受约束，以减少防水层混凝土产生拉应力而导致混凝土防水开裂，各种隔离层的操作要点如下：

（1）粘土砂浆或石灰砂浆隔离层基层板面清扫干净，洒水湿润，但不得积水。将按石灰膏:砂:粘土=1:2.4:3.6或石灰膏:砂=1:4的配合比，用砂浆搅拌机搅拌均匀，以干稠状为宜，铺抹厚度一般为20 mm，要求厚度一致，表面要求平整、压实、抹光并养护。待砂浆基本干燥（脚踩或手按无印）后，方可进行防水层混凝土施工。

（2）水泥砂浆找平层与毡砂隔离层。基层板面清扫干净，充分洒水湿润，但不得有积水。用1:3水泥砂浆将结构找平，厚度为15～20 mm，并压实、抹平、抹光后养护。待水泥砂浆干燥后，上铺一层经筛分的厚度为4～8 mm的干细砂滑动层，并用50 kg滚筒来回滚压，将砂层压实，然后再在其上空铺一层卷材，搭接缝用热沥青玛琋脂粘合。

当现浇钢筋混凝土屋面基层比较平整时，也可不作水泥砂浆找平层，而直接铺干细砂垫层和卷材隔离。

（3）纸筋灰、麻刀灰隔离层。基层板面清扫干净并洒水湿润后，铺抹10～15 mm厚纸筋灰或麻刀灰做找平隔离层，压实抹光，待找平隔离层基本干燥（1～2天）后，即应进行防水层施工，以免纸筋灰或麻刀灰遇雨水被冲刷。

（4）水泥砂浆找平层、卷材或塑料薄膜隔离层。基层板面清扫干净并洒水充分湿润后，铺抹1∶3水泥砂浆找平层，厚度为15～20 mm，压实、抹光、养护。待找平层干燥后干铺一层卷材或聚氯乙烯薄膜作隔离层。卷材接缝用热沥青玛琋脂粘合，然后再在卷材面上涂刷两道石灰水和一道掺加10%水泥的石灰浆，以防止卷材在夏季高温时发软，使沥青浸入细石混凝土底面而粘牢，影响隔离效果；塑料薄膜用2 m宽、0.14～0.15 mm厚的透明料，顺流水方向拼缝，并用电热压拼缝，拼缝处薄膜搭接宽度为30～50 mm。

（5）防水粉隔离层。基层板面清扫干净后，铺设防水粉一层，厚度为8～10 mm，压实后约为5 mm，用有刻度的靠尺控制，保证铺粉表面平整、厚薄均匀，然后在粉上铺废报纸或卷筒纸等隔离纸。

在做好隔离层后继续做防水层时，要注意对隔离层的保护，绑扎钢筋时不得扎破隔离表面；混凝土运输不能直接在隔离层表面上进行，应采取铺设垫板等措施，浇捣混凝土时更不能振破隔离层。

3. 普通细石混凝土刚性防水层施工

（1）施工顺序。板缝清理、细石混凝土灌缝→板面清理、做找平层、隔离层→绑扎防水层钢筋网片→支设分格缝木条和边模→浇筑混凝土防水层→振捣、抹平压实、抹光→取出分格缝木条和拆除边缘模板→二次收光→清理分格缝并刷冷底子油→嵌填密封材料→固化后做盖缝保护层。

（2）绑扎钢筋网片

1）钢筋或钢丝要调直，不能有弯曲、锈蚀和油污。

2）钢筋网片可绑扎或点焊成形。绑扎钢筋端头应做弯钩，搭接长度必须大于30*d*（*d*为绑扎钢筋直径）。如采用冷拔低碳钢筋，其搭接长度必须大于250 mm。绑扎钢筋的铁丝应弯到主筋下，防止丝头露出混凝土表面引起锈蚀，形成渗漏点。焊接网片搭接长度不应小于25*d*（*d*为绑扎钢筋直径），同一截面内钢筋接头不得超过钢筋截面积的25%。

3）钢筋网片的位置应处于防水层的中偏上，但保护层的厚度不应小于15 mm，用设置钢筋马凳来控制，同时在混凝土浇捣过程中派专职钢筋工对保护层厚度进行看护。

4）分格缝处钢筋应断开，使防水层在该处可以自由伸缩。但也可先在隔离层上满铺钢筋。绑扎成形后，再按分格缝位置剪断并弯钩，以保证钢筋位置准确并提高工效。

（3）支放分格缝木条和支边模

1）分格缝木条应按缝的宽度和防水层厚度加工，一般上口宽度为30 mm，下口宽度为20 mm，高度等于防水层厚度，木条应质地坚硬，规格正确。在使用前应先用水浸泡，并刷脱模剂，也可在木条两侧覆贴塑料板，既可增加木条刚度，又能减少木条取出时混凝土的摩擦阻力，保证分块边角整齐美观，提高木条的使用率。

2）边模可用木模或钢模，但均需刷脱模剂。

3）分格缝应按设计及规范要求设置，一般纵横分格缝间距不大于6 m或"一间一分格"，分格面积不超过36 m^2。

4）为保证分格缝位置准确，应在隔离层上弹线定位，然后用水泥砂浆或水泥素灰将木条沿线固定在隔离层上。

5）边模安装时应抄平拉通线，标出防水层厚度和排水坡度。

（4）细石混凝土制备

1）刚性防水层细石混凝土应按防水混凝土要求配制，对于一般屋面，抗渗等级不宜小于 P06，强度等级不低于 C20，防水层厚度不宜小于 40 mm。

2）细石防水混凝土配合比应通过实验室确定，一般要求每立方米混凝土水泥最小用量不应少于 330 kg，砂率为 35%～40%，灰砂比应为 1:(2～2.5)，水灰比不大于 0.55，坍落度以 10～50 mm 为宜。

3）掺减水剂和其他外加剂的混凝土应用机械搅拌，搅拌时间应比不掺时延长 30 s 以上，同时应将减水剂预溶成一定浓度的溶液（以 20% 为宜）再掺入拌和水中，以便使减水剂在混凝土中均匀分布，溶液中的水应从拌和水中扣除。某些粉状减水剂（如 SL、N 型等）可直接掺加，但必须先与水泥和骨料干拌 30 s 以上，再加水搅拌不少于3 min。

4）掺防水剂配制的细石防水混凝土用机械搅拌，投料顺序为石子→砂→水泥→防水剂→水。干料投入完毕后，搅拌 30 s 以上再加水，加水后的搅拌时间应比不加防水剂的混凝土延长 0.5～1 min。干粉防水剂宜配制成一定浓度的溶液后掺加，溶液中的水应从拌和用水中扣除。

防水剂的用量按内掺法计算。

5）砂、石、水泥、减水剂和防水剂等用量应严格按施工配合比投料，称量必须准确。

（5）细石防水混凝土浇筑

1）屋面细石混凝土浇筑应按先远后近、先高后低的原则，逐个分格进行。一个分格缝内的混凝土必须一次浇筑完成，不得留施工缝。盖缝或分格缝上边的反口直立部分和屋面泛水亦应与防水层同时浇筑。

2）混凝土从搅拌机出料至浇筑完成的时间不宜超过 2 h，在运输和浇筑过程中防止混凝土分层离析，如有分层离析现象，应重新搅拌后使用。

3）屋面上用手推车运输时，不得直接在隔离层或已绑扎好的钢筋网上行走，必须架设运输马道，避免压坏隔离层和钢筋。

4）手推车内混凝土应先倒在铁板上，再用铁锹反扣铺设，不能直接往隔离层上倾倒，如用浇灌斗吊运时，倾倒高度不应高于 1 m，且宜分散倒于屋面上，不能过于集中。

5）混凝土铺设前应先标出浇筑厚度，再用靠尺刮铺平整，保证防水层厚度一致，铺设时边铺混凝土边提钢筋网片，使其处于正确位置。

（6）混凝土振捣、收光和养护

1）细石混凝土防水层宜用高频平板振捣器振捣，捣实后再用重 40～50 kg、长 600 mm 左右的铁滚筒十字交叉地来回滚压 5～6 遍至混凝土密实，表面泛浆为止。

2）混凝土振捣、滚压泛浆后，按设计厚度要求用木抹子抹平压实，使表面平整。在浇捣过程中，用 2 m 直尺随时检查，并把表面刮平。

3）待混凝土收水初凝后，取出分格条，用铁抹子进行第一次抹光，并用水泥砂浆修整分格缝，使之平直整齐。

4）终凝前进行第二次抹光，使混凝土表面平整、光滑、无抹痕。抹光时不得在表面洒水、撒干水泥或加水泥浆。必要时还应进行第三次抹光。

5）混凝土终凝（一般在浇筑后 12～14 h）后，必须立即进行养护。一般可采用覆盖草袋、草帘、锯末等再浇水养护或涂刷养护剂，有条件时采用蓄水养护，蓄水深度为 50 mm 左右。养护时间不少于 14 天，养护期间禁止上人踩踏。

（7）分格缝施工。分格缝的嵌填应待防水层混凝土干燥并达到设计强度后进行。其做法大致有热灌法、批刮法、挤出法三种。

四、屋面刚性防水施工安全技术

1. 操作人员应定期进行体检。凡患有高血压、心脏病、癫痫病和精神失常等病症的人员不得进行屋面防水作业。

2. 檐口周围脚手架应高出屋面 1 m，架子上的脚手板要满铺，四周要用安全网封闭并设置护身栏杆。

3. 展开圆盘钢筋时，两端要卡牢，防止回弹伤人。拉直钢筋时，地锚要牢固，卡头要卡紧，并在 2 m 内严禁行人。

4. 搅拌机应安装在坚实平坦的位置，用方木垫起前后轮轴，将轮胎架空。开机前应检查离合器、制动器、钢丝绳等是否完好。电动机应设有开关箱，并应装漏电保护器。

5. 搅拌机停机不用或下班后，应拉闸断电，锁好开关箱，将滚筒清洗干净。检修时，应固定好料斗，切断电源；进入滚筒时，外面应有人监护。

6. 使用井架垂直运输时，手推车车把不得伸出笼外，车轮前后要挡牢，并做到稳起稳落。

7. 振动器操作人员应穿胶鞋和戴绝缘手套，湿手不得接触开关，振动设备应设有开关箱，并装有漏电保护器，电源线不得有破损。

8. 不得从屋面上往下乱扔东西，操作用具应搁置稳当，以防下坠伤人。

9. 操作人员必须遵守操作规程，听从指挥，消除隐患，防止事故发生。

五、屋面刚性防水工程质量验收规定

1. 检验数量

应按屋面面积每 100 m^2 抽查一次，每次抽查 10 m^2，且不得少于 3 处。细部构造应全部检查。

2. 基本规定

（1）本规定适用于防水等级为Ⅰ～Ⅳ级的屋面防水；不适用于设有松散材料保温层的屋面和受较大振动或冲击的以及坡度大于 15% 的建筑屋面。

（2）细石混凝土不得使用火山灰水泥；当采用矿渣硅酸盐水泥时，应采用减少泌水性的措施。粗骨料含泥量不应大于 1%，细骨料含泥量不应大于 2%。

混凝土水灰比不应大于 0.55；每立方米混凝土水泥用量不得少于 330 kg；含砂率宜为 35%～40%；灰砂比宜为 1:(2～2.5)；混凝土强度等级不应低于 C20。

（3）混凝土中掺加膨胀剂、减水剂、防水剂等外加剂时，应按配合比准确计量，投料顺序正确，并应用机械搅拌，机械振捣。

（4）细石混凝土防水层的分格缝，应设在屋面板的支撑端、屋面转折处、防水层与突出屋面结构的交接处，其纵横间距不宜大于 6 m。分格缝内应嵌填密封材料。

（5）细石混凝土防水层的厚度不应小于 40 mm，并应配置双向钢筋网片。钢筋网片在分格缝处应断开，其保护层厚度不应小于 10 mm。

（6）细石混凝土防水层与立墙及突出屋面结构等交接处均应做柔性密封处理，细石混凝土防水层与基层间宜设置隔离层。

3. 主控项目

（1）细石混凝土的原材料及配合比必须符合设计要求。检验方法是检查出厂合格证、质量检验报告、计量措施和现场抽样复验报告。

(2) 细石混凝土防水层不得有渗漏或积水现象。检验方法是雨后或淋水、蓄水检验。

(3) 细石混凝土防水层在天沟、檐沟、檐口、水落口、泛水、变形缝和伸出屋面管道的防水构造，必须符合设计要求。检验方法是观察检查和检查隐蔽工程验收记录。

4. 一般项目

(1) 细石混凝土防水层应表面平整、压实抹光，不得有裂缝、起壳、起砂等缺陷。检验方法是观察检查。

(2) 细石混凝土防水层的厚度和钢筋位置应符合设计要求。检验方法是观察检查和尺量检查。

(3) 细石混凝土分格缝的位置和间距应符合设计要求。检验方法是观察检查和尺量检查。

(4) 细石混凝土防水层表面平整度的允许偏差为 5 mm。检验方法是用 2 m 靠尺和楔形塞尺检查。

六、质量通病及防治措施

细石混凝土刚性防水层施工质量通病及原因和防治措施，见表 4—20。

表 4—20　　细石混凝土刚性防水层施工质量通病及原因和防治措施

质量通病	原因和防治措施
防水层开裂	1. 原因及裂缝鉴别 (1) 结构裂缝，因地基不均匀沉降，屋面结构层产生较大的变形等原因使防水层开裂。此类裂缝通常发生在屋面板的拼缝上，宽度较大，并穿过防水层上下贯通 (2) 温度裂缝，季节性温差和防水层上、下表面温差较大，且防水层变形受约束时，温度应力使防水层开裂。温度裂缝一般是有规则的、通长的，裂缝分布较均匀 (3) 收缩裂缝，由于防水层混凝土干缩和冷缩而引起。一般分布在混凝土表面，纵横交错，没有规律性，裂缝一般较短较细 (4) 施工裂缝，因混凝土配合比设计不当、振捣不密实、收光不好及养护不良等，使防水层产生不规则的、长度不等的断续裂缝
防水层开裂	2. 防水层开裂防治措施 (1) 对于不适合做刚性防水的屋面（如地基不均匀沉降严重、结构层刚度差、设有松散材料保温层、受较大振动或冲击荷载的建筑、复杂结构的屋面等），应避免使用刚性防水层 (2) 加强结构层刚度，采用现浇屋面板：用预制屋面板时，要求板的刚度要好，并按规定要求安装和灌缝 (3) 刚性防水层按规定的位置、间距、形状设置分格缝，并认真做好分格缝的密封防水 (4) 在防水层与结构层之间设置隔离层 (5) 防水屋上设架空隔热层、蓄水隔热层或种植隔热层 (6) 防水层的厚度不宜小于 40 mm，内配 $\phi4 \sim \phi6$@ 100 - 200 双向钢筋网片，网片位置应在防水层中间或偏上，分格缝处钢筋应断开 (7) 做好混凝土配合比设计；严格限制水灰比；提倡使用减水剂等外加剂；有条件时宜采用补偿收缩混凝土或对防水层施加预应力 (8) 防水层厚度应均匀一致，浇筑时应振捣密实，并做到充分提浆，原浆抹压收水后随即进行二次抹光 (9) 认真做好防水层混凝土的养护工作

续表

质量通病	原因和防治措施
防水层开裂	3. 对已开裂的防水层，可按下述方法处理 （1）对于细而密集、分布面积较大的表面裂缝，可用防水水泥浆罩面，或在裂缝处剔出缝槽，并将表面清理干净，再刷冷底子油一道，干燥后嵌填防水油膏，上面用卷材覆盖 （2）对于宽度 0.3 mm 以上的裂缝，应剔成 V 形或 U 形切口后再做防水处理，如深度较大并已露出锈筋时，要对钢筋进行除锈、防锈处理后，再做其他嵌填密封处理 （3）对宽度较大的结构裂缝，应在裂缝处将混凝土凿开形成分格缝，然后按规定嵌填防水油膏
伸出屋面管道、烟囱处渗漏水	1. 伸出屋面的管道形成约束防水层伸缩的固定端点，管道和周围混凝土间黏结力小，易形成环绕管壁的裂缝而引起渗漏。因此，施工中应在管道周围预留缝隙，用柔性材料嵌填，并形成泛水 2. 因刚性防水层泛水顶宽大于烟囱壁厚，使泛水顶部积水，并沿接缝处渗漏。施工时，烟囱底部砂浆必须饱满密实，泛水顶宽不应大于烟囱壁厚，避免顶部积水 3. 对已产生渗漏的工程，应将泛水顶部的多余部分凿掉，使其厚度等于或略小于烟囱壁厚，并加粉水泥砂浆
防水层起壳、起砂	1. 原因 （1）施工质量不好，特别是没有认真进行压实、收光 （2）养护不良 （3）防水层长期暴露于大气中，经长期日晒雨淋后混凝土面层发生炭化现象
	2. 防治措施 （1）混凝土浇筑后即覆盖双层湿草包。8 ~ 12 h 后浇水养护 14 天 （2）混凝土水泥用量不宜过高，细骨料应采用中砂或粗砂 （3）认真做好清基，摊铺、碾压、收光、抹平和养护等工序。碾压时宜用 30 ~ 50 kg 的滚筒纵横来回滚压 40 ~ 50 遍，直至混凝土表面出现拉毛状的水泥浆为止，然后抹平；抹平时不得加干水泥、水泥浆，待一定时间后再抹压第二遍甚至第三遍，务必使混凝土表面达到平整、光滑 （4）防水层应避免在酷热、严寒天气条件下施工，也不要在风沙天或雨天施工 （5）刚性防水层上宜增设防水涂料保护层 （6）当防水层表面轻微起壳或起砂时，可将表面凿毛，扫去浮灰杂质，然后加抹厚 10 mm 的 1:1.5 或 1:2 的防水砂浆
分格缝渗漏	1. 原因：屋面上的纵向分格缝处易产生渗漏，或由于嵌缝材料老化、油膏或胶泥与板缝黏结不良或脱开、油膏或胶泥上部的卷材保护层翘边、拉裂或脱落而引起渗漏
	2. 防治措施 （1）除屋脊外，尽量避免设纵向分格缝 （2）嵌缝材料应使用抗老化性能好的优质材料 （3）当缝内油膏或胶泥已老化或与缝壁黏结不良时，应将其挖除，重新处理板缝后，再按要求嵌填 （4）当油毡保护层翘边时，先将翘边张口处清理干净，吹去灰土，冲洗干净并待其干燥后，涂胶结材料，然后将翘边张口处粘牢 （5）保护层断裂时，应先将其撕掉，清洗和处理板缝两侧基层后，重新按要求粘贴

续表

<table>
<tr><th>质量通病</th><th>原因和防治措施</th></tr>
<tr><td rowspan="2">砖砌女儿墙开裂</td><td>1．开裂原因及裂缝特征
（1）女儿墙太长（超过 20 m）而未设伸缩缝，在气温剧烈变化时膨胀收缩量大，产生垂直或八字形裂缝
（2）女儿墙与下部的屋顶钢筋混凝土圈梁的温度线膨胀系数不同，当温度变化较大时，女儿墙与圈梁之间因变形差异而错位，产生水平裂缝
（3）刚性防水层或密铺隔热板夏季受热膨胀，推挤女儿墙，使女儿墙与圈梁之间错位，产生水平裂纹</td></tr>
<tr><td>2．开裂防治措施
（1）女儿墙对屋面防水和抗震都不利，因此在不必要情况下（尤其在抗震设防地区）最好不设女儿墙
（2）砖砌女儿墙高度超过 500 mm 时，宜每开间设钢筋混凝土构造柱，构造柱间距不得大于 6 m，以限制女儿墙与屋顶圈梁之间的变形差异
（3）刚性防水层、架空隔热板均不应直抵女儿墙，与女儿墙之间应留一定的间隙
（4）屋面找坡层（包括保温层）应选用弹性模量低的材料，避免使用膨胀材料；找坡层宜适当分仓，分仓缝可兼作保温材料的排气通道
（5）女儿墙高度较大时，除设置构造柱外，另在泛水顶部处墙身内增设 60 mm 厚的钢筋混凝土带，既可预防女儿墙根部开裂，又可阻隔混凝土带上部渗水
（6）对于因防水层膨胀引起的女儿墙及防水层泛水的轻微裂缝，可采用封闭裂缝的方法处理，并加做隔热层
（7）当女儿墙开裂严重（有较大垂直裂缝、八字形裂缝、水平裂缝）时，应拆除重砌，按要求设置伸缩缝和构造柱，并在墙与屋面板和防水层泛水之间留缝，缝内用密封材料嵌实</td></tr>
<tr><td rowspan="2">现浇钢筋混凝土女儿墙垂直裂缝</td><td>1．原因：多由于女儿墙太长而未设伸缩缝、水平钢筋不足或施工质量低劣（如振捣不密实、蜂窝麻面，该情况下收缩裂缝多）造成</td></tr>
<tr><td>2．防治措施
（1）现浇钢筋混凝土女儿墙墙身每隔 20 m 设一条伸缩缝
（2）现浇女儿墙厚度不小于 80 mm，采用双面双向配筋，并适当增加墙顶部水平钢筋，以增加抵抗温度应力的能力
（3）女儿墙的水平钢筋转角处应断开弯折锚固，并保证有足够的锚固长度
（4）提高施工质量，保证振捣密实</td></tr>
<tr><td rowspan="2">屋面泛水处渗漏</td><td>1．原因分析
（1）防水层延伸到女儿墙及突出屋面建筑上的泛水高度不够
（2）防水层上口端部未设泛水托（短臂），且端头未做柔性密封处理，或柔性处理不符合要求，导致雨水渗入室内
（3）泛水托滴水线（鹰嘴）不符合要求，产生爬水现象</td></tr>
<tr><td>2．防治措施
（1）刚性防水层延伸到墙上的泛水高度应不小于 250 mm
（2）滴水线应符合要求，使泛水托起到遮挡和挑水作用
（3）泛水与山墙、女儿墙等结构之间应留出宽 30 mm 的缝隙，缝内用黏结性好的密封材料封严</td></tr>
</table>

续表

质量通病	原因和防治措施
檐沟、天沟处渗漏	1. 原因分析 (1) 檐沟太浅，大雨或暴雨时，落水不及，雨水沿防水层与檐口梁之间的缝隙渗进室内 (2) 刚性防水层与檐口梁连在一起，防水层收缩时在连接处开裂引起渗漏 (3) 没设滴水线或滴水线失效，雨水倒爬经防水层与檐口梁之间的缝隙渗入室内
	2. 防治措施 (1) 檐沟深度应大于 200 mm (2) 刚性防水层与檐口梁交接处应设分格缝，并用密封材料嵌填 (3) 刚性防水层应挑入檐沟 50 mm，做滴水线
	3. 檐口渗漏的处理方法 (1) 当檐口裂缝引起渗漏时，将防水层干裂处凿一条上口宽 10 ~ 20 mm，深 5 ~ 10 mm 的 V 形槽，缝槽及基层清洗处理后，用密封材料封严 (2) 当滴水线失效引起渗漏时，应将其凿毛并清洗干净后，按要求重抹。为保证结合紧密，应按下列方法配制砂浆：先将掺有 3% 水泥重量的 107 胶用 2 倍水稀释；然后将其倒入已搅拌均匀的水泥砂浆中，再继续搅拌至充分均匀为止

练习与实训

一、练习题

1. 填空题

(1) 刚性防水中的水泥不得使用__________水泥。

(2) 防水层的细石混凝土和砂浆中，细骨料应采用__________，含泥量不应大于__________。

(3) 混凝土的和易性包括__________、__________、__________三方面的含义。

(4) 刚性防水层施工气温宜为__________℃。

(5) 分格缝的宽度应不大于__________，且不小于__________。

(6) 为方便拆除分格缝木条，应做成__________的楔形，使用前在水中浸透并__________。

(7) 变形缝处的刚性防水与两侧墙体交接处应留宽__________的缝隙，应用密封材料嵌填。

2. 简答题

(1) 刚性防水对基层及防水层的处理和要求？

(2) 刚性防水层的基层如何处理？

(3) 分格缝设置的原则是什么？

(4) 细石混凝土刚性防水层施工质量检验中有哪些主控项目？

二、实训与指导

细石混凝土防水层施工

1. 实训目标

通过做 1 ~ 2 m^2 防水层施工，熟悉掌握刚性防水层的施工要求及工艺过程。

2. 实训内容

在实训基地，3 人或 4 人为一组，完成 1 ~ 2 m^2 刚性防水层施工。

操作工位的工件如图 4—44 所示。

细石混凝土防水层厚度为 35 ~ 60 mm，分格缝尺寸下面尺寸为 10 mm，上面尺寸为 15 ~ 20 mm。

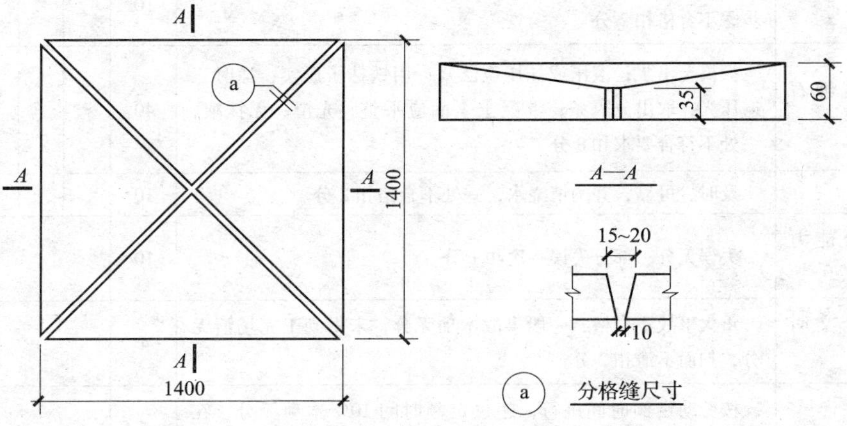

图 4—44　操作工位的工件

3. 实训准备

(1) 材料。水泥，砂子（中砂过筛），石子或混凝土；无纺布或塑料薄膜，木分隔条，隔离剂，ϕ4 mm 冷拔低碳钢丝。

(2) 工具。混凝土搅拌机，手推车，振捣器，木刮尺，木抹子，铁抹子，铁锹，水桶，长毛刷子，钢丝刷，劳保用品（工作服、安全帽、防护眼镜、手套、口罩）。

4. 实训步骤

(1) 基层处理。要求工位表面干净；干铺无纺布或塑料薄膜，要求表面平整、无褶皱；处理后的基层不要上人。

(2) 粘贴、安放木分隔条。将木分隔条在水中浸透，涂刷隔离剂；按规定，将木分隔条固定于设缝位置，要求尺寸、位置正确。

(3) 绑扎钢筋网片。画出钢筋间距标记，绑扎扣成八字形，绑扎丝收口甩头应向下弯。

(4) 浇筑细石混凝土。振捣至表面出浆；滚压或抹压至泛浆；用铁抹子压实、压光。适时进行三遍压光，取出木分隔条且保证混凝土表面平整、光滑、无抹痕。

(5) 养护。适时进行覆盖养护。

5. 思考与分析

(1) 准备相应资料，准确计算材料用量，注意细石混凝土的配合比。

（2）领会操作工艺流程，事先确定铺贴方案和分隔条的设置。

（3）实训小组成员要分工明确，配合协调，做到规范操作。

6．考核内容与评分标准

序号	评定项目	评分标准	满分	检测点					得分
				1	2	3	4	5	
1	基层处理	工位表面洁净，干铺隔离层表面平整、无褶皱，有控制措施，一处不合格扣2分	10						
2	粘贴、安放木分格缝	分隔条浸透；涂刷隔离剂；按规定固定正确，位置正确；一处不合格扣2分	10						
3	绑扎钢筋网片	画出标记，绑扎扣成八字形，绑扎丝收口甩头下弯，一个步骤不合格扣2分	10						
4	浇筑细石混凝土	振捣至出浆；滚压或抹压至泛浆，用铁抹子压实；适时三遍压光；取出分隔条；混凝土表面应平整、光滑、无抹痕；一处不符合要求扣8分	40						
5	养护	及时、可靠，并酌情浇水，一处不合格扣2分	10						
6	综合能力表现	失误无分，部分失误一次扣1分	10						
7	安全文明施工	重大事故不合格，一般事故本项无分，未做到工完场清无分，扫而不清扣2分	4						
8	工效	按劳动定额时间进行，超过定额时间10%本项无分，在10%以下酌情扣1~6分	6						

第五单元　厕浴间防水

知识技能要求

1. 了解聚氨酯涂膜防水施工的材料要求，熟悉施工方法。

2. 能按照施工规范相关规定和施工工艺标准从事厕浴间防水施工基本操作。

厕浴间用水频繁，所以要做好排水和防水。应认真做好厕浴间的防水层和细部构造处的防水，以确保厕浴间无渗漏水现象发生。

根据厕浴间的特点，采用柔性涂膜防水层和刚性防水砂浆防水层或两者复合的防水层，可取得较为理想的防水效果。在新建建筑中，由于其变形较大，所以刚性防水应用较少。本单元只介绍柔性涂膜防水，防水涂料涂布于复杂的细部构造部位能形成没有接缝、完整的涂膜防水层，特别是合成高分子防水涂膜和高聚物改性沥青防水涂膜的延伸性较好，基本上能适应基层变形的需要。

一、基层要求

1. 结构层要求

厕浴间的地面结构层宜采用整体现浇钢筋混凝土板或预制整块开间钢筋混凝土板，目前很少采用预制空心板。

现浇混凝土楼面应符合设计要求，浇筑时必须振捣密实，随捣随抹，抹光压实，形成一道混凝土结构自防水层。

整块开间钢筋混凝土板的质量应符合设计要求，安装位置、标高正确。

若采用预制空心板，其板缝应采用防水砂浆堵严。表面 20 mm 深处宜嵌填沥青基密封材料，也可在板缝中嵌填防水砂浆并在抹平表面后，附加涂膜防水层，即铺贴 100 mm 宽玻璃纤维布一层，涂刷两道沥青基涂料形成涂膜防水层，其厚度不小于 2 mm，如图 5—1 所示。

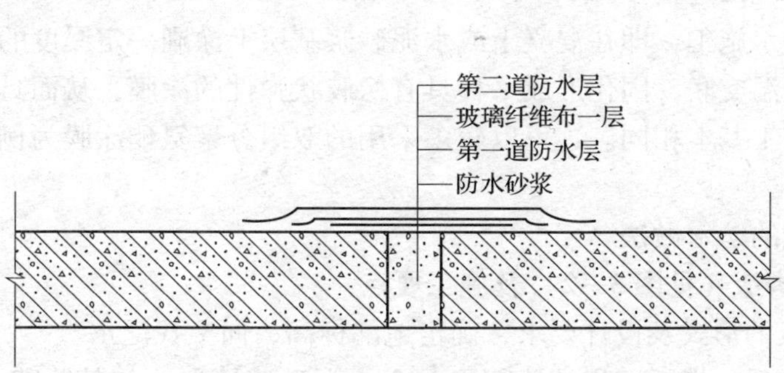

图 5—1　板缝防水做法

2. 找坡层要求

厕浴间的地面标高应低于门外地面标高不少于 20 mm。地面应坡向地漏方向，其地面坡度一般为2%（设计有特殊要求者除外），向地漏处排水。地漏口标高应低于地面标高不小于20 mm，在地漏周围半径50 mm范围内，其排水坡度应增大3% ~5%。设有浴盆时，盆下地面坡向地漏的排水坡度也应为3% ~5%。找坡层厚度小于30 mm时，可用水泥混合砂浆；厚度大于30 mm时，宜用1:6水泥炉渣材料。

3. 找平层要求

在地面及墙面结构层上均应做厚20 mm的水泥砂浆找平层作为防水层的基层，水泥砂浆中宜掺外加剂。水泥砂浆找平层应做到平整坚实，无麻面、起砂、起壳、松动及凹凸不平现象。阴阳角、管道根部等处的找平层亦应抹成半径为100 ~150 mm的圆弧。

基层必须平整坚实，表面平整度应用2 m长的直尺检查，基层与直尺间最大间隙不应大于3 mm。基层如有裂缝或凹坑，可用1:3水泥砂浆或水泥胶腻子修补平滑。基层所有转角处应做成半径为10 mm均匀一致的平滑小圆角。基层应干净、干燥，含水率应符合各种防水材料对含水率的要求，一般不大于9%。

4. 其他要求

防水层施工前，所有管件、卫生设备、地漏或排水口等必须就位正确，安装牢固，接缝严密。凡穿过楼地面的管道，如上水管、热水管、暖气管等均应加套管，套管应高出基层20 ~40 mm，其根部应预留20 mm的凹槽，槽内以及穿管与套管之间的缝隙应用密封材料嵌填密实，或用掺膨胀剂的细石混凝土或水泥砂浆浇灌填实抹平，且应与地面防水层相互连接形成封闭的防水层。如穿楼板的管道孔洞、套管周围的缝隙较大，应吊底模浇灌，禁用碎石、石块堵塞。一般单面临墙的管道离墙应不小于5 cm，双面临墙的管道一边离墙应不小于5 cm，另一边离墙应不小于8 cm。对于洁具、器具等设备，以及门窗、预埋件等沿墙周边交界处的缝隙，均应采用高性能的密封材料进行密封。

二次埋置的套管（一般套管应在防水施工前安装好，二次埋置的套管为防水完毕后再安装的套管），其周围混凝土强度等级应比原混凝土提高一级（0.2 MPa），并应掺微膨胀剂；二次浇筑前的混凝土接合面应清理干净后进行界面处理，混凝土应浇捣密实；加强防水层（二次埋置套管后应加强的防水层）应覆盖施工缝并超出边缘不小于150 mm。

厕浴间应采用迎水面防水，地面防水层应设在结构层上面，并延伸到四周墙面边角，需高出地面150 mm。

二、涂膜防水施工过程

厕浴间涂膜防水施工，即在混凝土或水泥砂浆基层上涂刷一定厚度的无定型液态高分子合成材料，经过常温交联，固化形成一种具有橡胶状弹性的涂膜，从而具有防水功能，操作方法与屋面防水施工基本相同。这里以较多采用的双组分聚氨酯涂膜为例介绍其防水施工过程，见表5—1。

三、细部构造的防水做法

1. 地漏防水构造（见图5—2）及施工要点

（1）根据楼板的形式及设计要求，确定地漏标高，向上找泛水。

（2）立管定位后，楼板四周的缝隙用1:3水泥砂浆堵严，如其缝隙大于20 mm时，应用C20细石混凝土堵严，细石混凝土宜掺微膨胀剂。

（3）厕浴间其垫层向地漏处找坡为2%，垫层厚度小于30 mm可用水泥混合砂浆，大于30 mm可用水泥炉渣材料作垫层或用C20细石混凝土一次找坡、找平、抹光。

表 5—1　　双组分聚氨酯涂膜防水施工过程

施工操作	图　　示
防水层施工前，所有管件、卫生设备、地漏或排水口等必须就位正确，安装牢固，接缝严密	
验收涂膜防水用材料，材料进场应有生产合格证	
准备好涂膜防水用的工具	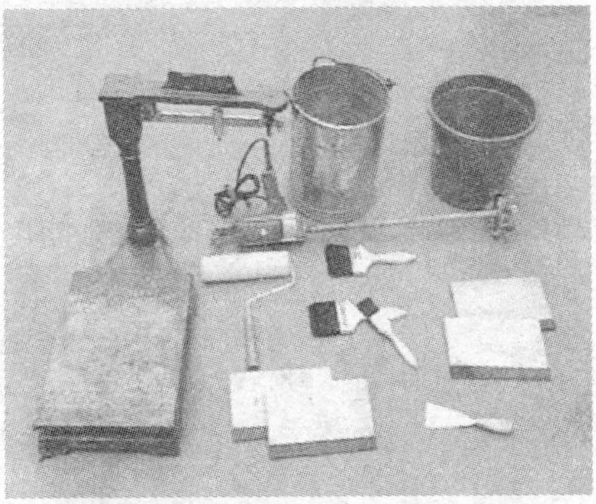
清理基层，有起砂、麻面、裂缝处用聚氨酯调水泥腻子刮平	

施工操作	图　示
将聚氨酯甲料与乙料和二甲苯按1∶1.5∶2的比例配料，搅拌均匀制成基层处理剂	
涂刷基层处理剂，涂刷时，先用油漆刷在管道根部和阴阳角部位均匀涂刷一遍，然后再大面积涂刷	
涂刷要均匀一致，涂刷后要干燥4 h才能进行下一道工序	
涂刮第一遍、第二遍、第三遍防水涂料。第一遍、第二遍涂料按甲料∶乙料∶甲苯＝1∶1.5∶0.2的比例混合均匀，要求涂抹均匀，立面涂刮高度不小于100 mm，各层涂料涂抹时要相互垂直，下遍涂料要等上遍涂料固化干燥后进行。涂膜厚度要一致，涂抹要均匀	

施工操作	图　示
涂刷附加层涂料。在管道根部和阴阳角等容易漏水的部位先用聚氨酯涂料按甲料: 乙料为 1∶1.5 比例混合均匀作为附加层，涂刷宽度为 100 mm	
涂刮防水涂料完毕	
在第三遍防水涂料尚未固化时细撒直径为2 mm 不带棱角的砂粒，以增加防水层与黏结保护层之间的黏结能力	
第一次蓄水试验。蓄水 24 h 无渗漏为合格	

续表

施工操作	图示
蓄水试验完毕后，可进行保护层和面层的施工，施工时应注意成品保护，不得破坏防水层	
厕浴间装饰工程全部完工后进行第二次蓄水试验，以检验防水层是否被破坏	

（4）用厚 15 mm 1∶2.5 水泥砂浆找平压光。

（5）防水层根据工程设计可选用高、中、低档的防水涂料及做法。

（6）地漏口四周用 10 mm×15 mm 的建筑密封胶封严，上面做涂膜防水层。

（7）面层采用厚 20 mm 1∶2.5 水泥砂浆抹面压光，也可以根据设计要求采用其他面材。

（8）地漏箅子安装在面层，四周地面向地漏处找坡为 2%，50 mm 范围内找坡达 3%～5%，便于排水。

由于混凝土凝固时有微量收缩，而铸铁地漏口大底小，外表面与混凝土接触处容易产生裂缝。为了防止地漏周围渗水，最好将地漏加以改进，在原地漏的基础上加铸铁防水托盘，以提高厕浴间防水的质量，如图 5—2 所示。

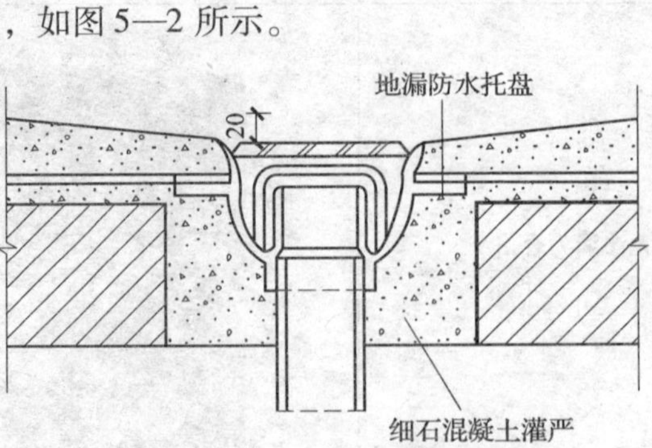

图 5—2　地漏防水构造

2. 穿墙板管道防水构造及施工要点

穿墙板管道防水构造如图 5—3、图 5—4 所示，穿墙板管道的施工工艺流程如图 5—5 所示。

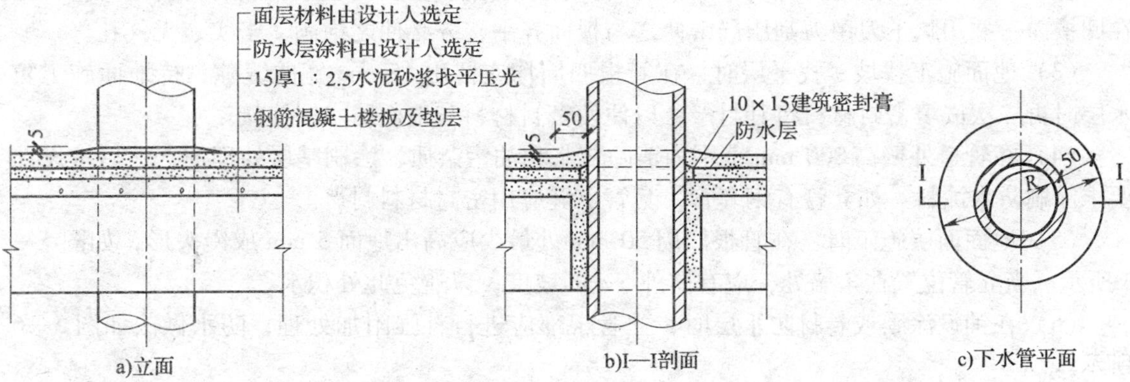

图 5—3　下水管的转角墙防水构造和做法

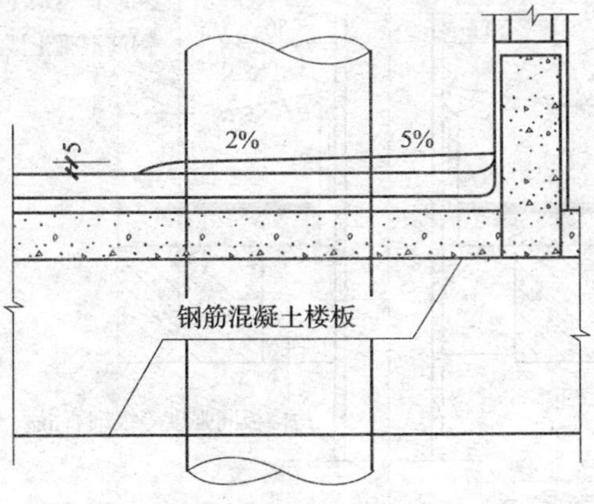

图 5—4　靠墙管根后抹出泛水

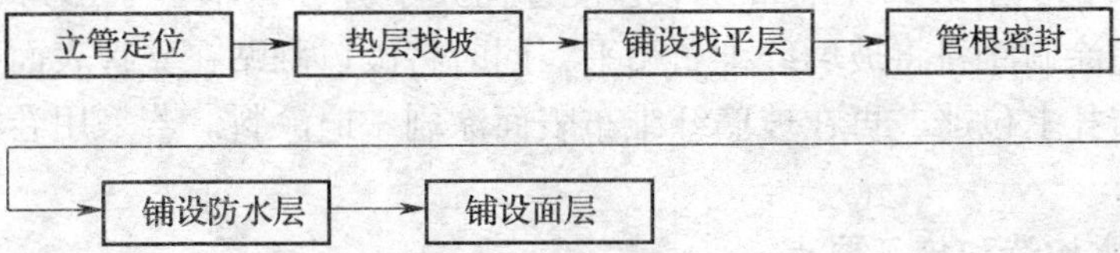

图 5—5　穿墙板管道的施工工艺流程

单面临墙的管道，离墙应不小于 50 mm；双面临墙的穿道，一边离墙不小于 50 mm，另一边离墙不小于 80 mm，泛水高度不小于 200 mm。

穿墙板管道的施工要点如下：

(1) 立管安装固定后，应将管孔四周松动的石子凿除，如管孔过小，则应按规定要求凿打，然后在板底支模板，孔壁洒水湿润，刷 107 胶水一遍，灌筑 C20 细石混凝土，比板面低 15 mm 并捣实抹平。细石混凝土中宜掺微膨胀剂，终凝后洒水养护并挂牌明示，两天内不得触碰管子。

（2）待灌缝混凝土达到一定强度后，将管根四周及凹槽内清理干净并使之干燥，凹槽底部垫以牛皮纸或其他背衬材料，凹槽四周及管根壁涂刷基层处理剂。然后将密封材料挤压在凹槽内，并用腻子刀用力刮压严密使之与板面齐平，务必使之饱满、密实、无气孔。

（3）地面施工找坡、找平层时，在管根四周均应留出 15 mm 宽的缝隙，待地面施工防水层时再二次嵌填密封材料将其封严，以便使密封材料与地面防水层连接。

（4）在管道外壁高 200 mm 范围内清除灰浆和油污杂质，涂刷基层处理剂，然后按设计要求涂刷防水涂料。如立管有钢套管，套管上缝应用密封材料封严。

（5）地面面层施工时，在管根四周 50 mm 处最少应高出地面 5 mm 成馒头形，如图 5—3 所示。当立管位置在角墙处，应有向外 5% 的坡度，以避免此处积水。

（6）在铺设涂膜或卷材防水层时，立管根部应进行补强附加处理，防水做法如图 5—6 所示。

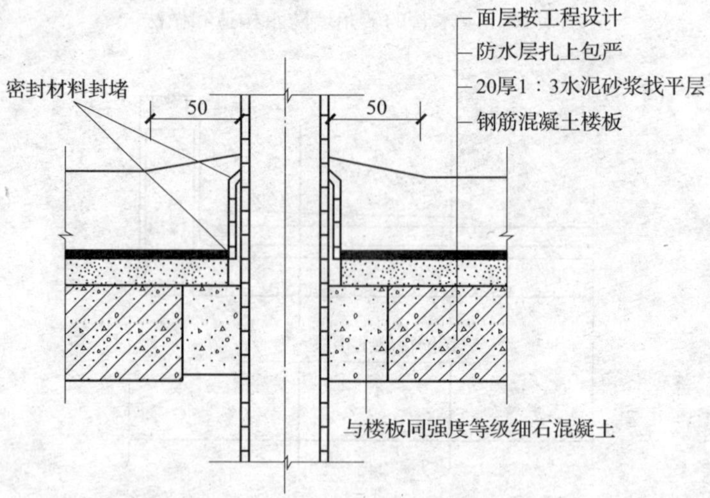

图 5—6　立管根部防水做法

直接穿墙板的立管应在管根处涂刷涂料，铺设玻璃纤维布补强附加层。铺设时，剪一块直径为 350 ~ 400 mm 的圆形玻璃纤维布，中心按管径大小剪一“米”字形口，将米字口套入立管，在管根平面涂刷涂料将玻璃纤维布贴平，同时将破口翻贴在立管表面贴紧，然后在立管上将玻璃纤维布扎上包严，再在玻璃纤维布表面涂刷一遍涂料。若采用卷材做补强附加层，其做法相同。

3. 大便器的防水构造和施工要点

这里以蹲式大便器为例进行介绍。

（1）蹲式大便器立管安装定位后，楼板四周的缝隙用 1∶3 水泥砂浆堵严。如缝隙大于 20 mm，宜用 C20 细石混凝土灌孔堵严抹平，并在立管接口处四周用密封材料交圈封严，尺寸为 20 mm × 20 mm，然后做厚 20 mm 1∶2.5 水泥砂浆找平层，立管周围进行密封处理，其上面防水层铺设至管顶部，防水层应根据工程设计要求，选用高、中、低档的其中一种防水涂料，在防水层上面做厚 15 mm 1∶2.5 水泥砂浆保护层，如图 5—7 所示。

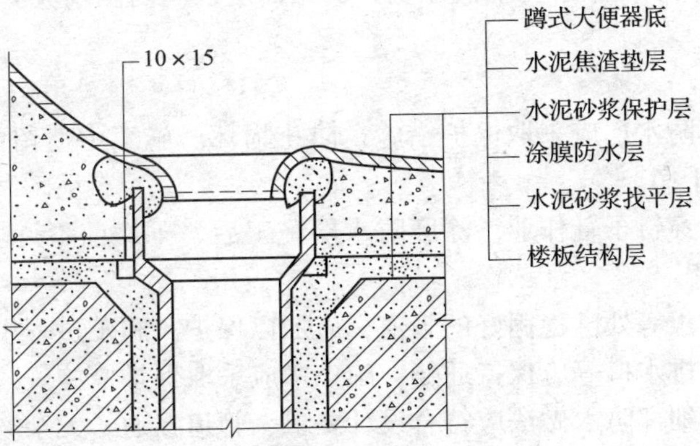

图 5—7　蹲式大便器防水剖面

（2）蹲式大便器与下水管相连接的部位最易产生渗漏，应用与两者（陶瓷与金属）都有良好黏结性能的密封材料封闭严密，如图 5—7 所示。下水管穿过钢筋混凝土现浇板的处理方法与穿楼板管道防水做法相同。

（3）蹲式大便器尾部进水处与水管接口处按照安装图接好，然后用沥青麻丝及水泥砂浆封严，外做涂膜防水保护层，具体做法如图 5—8 所示。蹲式大便器蹲坑根部的防水做法如图 5—9 所示。

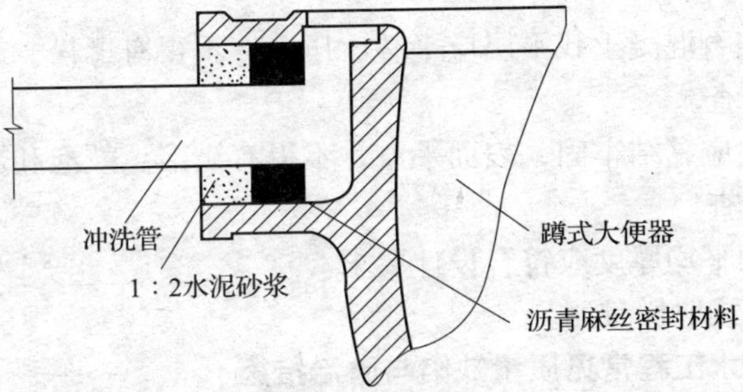

图 5—8　蹲式大便器尾部进水处与水管接口处的防水做法

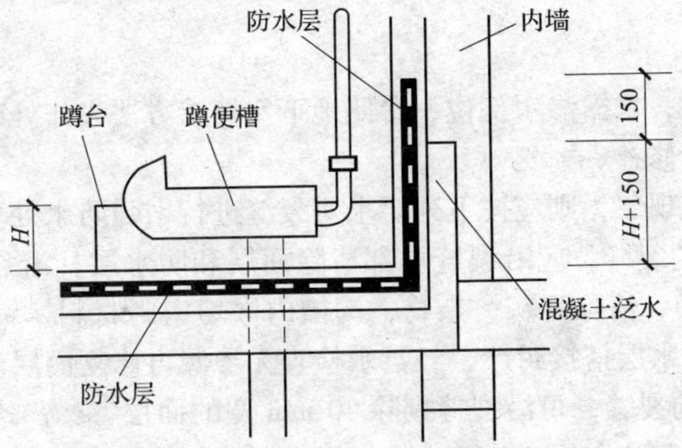

图 5—9　蹲式大便器蹲坑根部的防水做法

(4) 稳定大便器，填1:6水泥焦渣压实，再做面层，向内做找坡1%泛水，面材由设计人选定。

四、成品保护

1. 施工好的涂膜防水层应采取保护措施，防止损坏。施工中遗留的钉子、木棒、砂浆等杂物，应及时清除干净。

2. 操作人员不得穿钉子鞋作业。涂膜防水层施工后、干燥前不许上人踩踏，以免破坏防水层，造成渗漏隐患。

3. 穿过墙体、楼板等处已稳固好的管道，应加以保护；施工过程中不得碰撞、变位。

4. 地漏、蹲坑、排水口等应保持通畅，施工中应采取保护措施。

5. 地漏、管根等细部防水做法应符合设计要求，管道畅通，无杂物堵塞。

五、工程质量验收

1. 主控项目

(1) 防水材料和胎体增强材料，必须符合设计要求。

检验方法是检查出厂合格证、质量检验报告和现场抽样复验报告。

(2) 地漏、管道根部等细部防水做法应符合设计要求。

检验方法是观察检查和检查隐蔽工程验收记录。

(3) 厕浴间不得有渗漏、倒泛水或积水现象。

检验方法是蓄水和泼水检验。

2. 一般项目

(1) 水泥砂浆或细石混凝土找平层应平整、压光，不得有酥松、起砂、起皮现象。

检验方法是观察检查。

(2) 防水层与基层应黏结牢固，表面平整，不得有皱褶、鼓泡和翘边等缺陷。

检验方法是观察检查。

(3) 涂膜防水层的平均厚度应符合设计要求。

检验方法是针测法或取样量测。

六、厕浴间涂膜防水工程常见质量缺陷与防治措施

1. 板面及墙面渗水

原因是混凝土、砂浆施工质量不良，存在微孔渗透；板面、隔墙出现轻微裂缝；防水涂层施工质量不好或损坏。

堵漏措施如下：

(1) 拆除饰面材料，暴露渗水部位，参照地下室堵渗方法先作处理，然后涂刷同种防水涂料配合纤维材料进行修补。

(2) 楼面如有开裂现象，则应按下列要求对裂缝进行增强防水处理：

1) 对大于2 mm的裂缝，应沿裂缝局部清除面层和防水层，沿裂缝剔凿宽度和深度均不应小于10 mm的沟槽，清除浮灰、杂物，沟槽内嵌填密封材料，铺设带胎体增强材料的涂膜防水层，并与原防水层搭接封严，经蓄水检查无渗漏再修复面层。

2) 对小于2 mm的裂缝，可沿裂缝剔除40 mm宽的面层，暴露裂缝部位，清除裂缝中的浮灰、杂物，铺设涂膜防水层，经蓄水检查无渗漏，再修复面层。

3) 对小于0.5 mm裂缝，可不铲除地面面层，清理裂缝表面后，沿裂缝走向涂刷两遍宽度不小于 100 mm 的无色或浅色合成高分子涂膜防水层。

2. 预制楼板接缝部位漏水

原因是楼板间接缝的细石混凝土及水泥砂浆填塞不严，因楼板位移、振动使接缝部位产生裂缝，板间弹性嵌缝材料被拉裂或脱离黏结面。

堵漏措施是拆除饰面材料，露出裂缝，采用上述板面及墙面渗水堵漏措施的填缝加贴缝方法进行处理。

3. 卫生间、卫生洁具周围及穿楼板和墙壁的管子以及排水管口等部位渗漏

原因是细部处理方法欠妥，卫生洁具及管口周边填塞不严；由于振动及砂浆、混凝土收缩等原因，出现裂隙；卫生洁具及管口周边未采用弹性处理，或施工时嵌缝材料及防水涂膜黏结不牢；嵌缝材料及防水涂层被拉裂或被拉离黏结面。

堵漏措施如下：

（1）管道穿过楼地面部位的渗漏维修

1）穿过楼地面管道的根部积水渗漏，应沿管道根部轻轻剔凿出宽度和深度均不小于 10 mm的沟槽，清理浮灰、杂物后，槽内嵌填密封材料，并在管道与地面交接部位涂刷达到管道高度及地面水平宽度均不小于 100 mm、厚度不小于 1 mm 的无色或浅色合成高分子防水涂料。

2）管道与楼地面裂缝小于 1 mm，应将裂缝部位清理干净，绕管道及管道根部四周地面涂刷两遍合成高分子防水涂料，涂刷管道高度及地面水平宽度均不应小于 100 mm，涂膜厚度不应小于 1 mm。

（2）穿过墙面管道的根部渗漏，宜在管道根部用合成高分子防水涂料涂刷两遍。管道根部空隙较大且渗漏较为严重时，应按上述方法处理。

4. 楼地面与墙面交接部位渗漏

原因与板面及墙面渗水原因相同。

堵漏措施如下：

（1）楼地面与墙面交接缝渗漏，应将沿裂缝部位清理干净，涂刷带胎体增强材料的涂膜防水层，其厚度不应小于 15 mm，平面及立面涂刷范围均应大于 100 mm。

（2）楼地面与墙面交接部位有酥松等损坏，应凿除损坏部位，用 1∶2 水泥砂浆修补基层，涂刷带胎体增强材料的涂膜防水层，其厚度不应小于 15 mm，平面及立面涂刷范围应大于 100 mm。新旧防水层搭接宽度（压槎宽度）为 50 ~ 80 mm；压槎顺序要注意流水方向，再铺设带胎体增强材料的涂膜防水层，封严贴实。

练习与实训

一、练习题

1. 填空题

（1）厕浴间地面防水层应设在结构层上面，并延伸到四周墙面边角，需高出地面__________ mm。

（2）厕浴间聚氨酯涂膜涂刷基层处理剂要均匀一致，涂刷后干燥__________ h 才能进行下一道工序。

(3) 厕浴间聚氨酯涂膜施工涂刮防水涂料时，立面涂刮高度不小于__________mm。

2. 判断题

(1) 厕浴间地面应低于室内地面10 mm。 ( )

(2) 厕浴间防水材料以卷材为最佳。 ( )

(3) 厕浴间防水做法采用涂膜防水材料比卷材更为合适。 ( )

(4) 厕浴间地面坡度为2%；向地漏处排水，地漏周围半径50 mm范围内，坡度为5%。 ( )

(5) 厕浴间的管道应在找平层施工前做好，上下水暖气管道必须加设套管，套管应高出地面20 mm。 ( )

(6) 厕浴间地面排水坡度必须找好，如设计无要求，应按5%的坡度向地漏处排水。 ( )

3. 选择题

(1) 厕浴间地面找平层应做好泛水，按规定找坡，地漏周围半径__________mm范围内排水坡度为3% ~5%。

A. 50　　B. 100　　C. 150　　D. 200

(2) 一般情况下，大口径的冷水管、排水管可不设套管；小口径管、热水管、蒸汽管、暖气管和煤气罐必须在管外加设钢套管，并高出楼地面__________mm以上。

A. 3　　B. 5　　C. 10　　D. 20

(3) 厕浴间地面必须找坡，如设计无要求时，应按__________坡度向地漏处排水。

A. 0.5% ~1%　　B. 1.5% ~2%　　C. 3% ~5%　　D. 6% ~8%

(4) 采用聚氨酯涂膜防水施工时，其找平层应满足规范相关要求，含水率低于__________，经检验合格后，方可进行防水层施工。

A. 9%　　B. 10%　　C. 15%　　D. 20%

(5) 采用聚氨酯涂膜做防水层时，其防水层应涂刷__________遍。

A. 4　　B. 3　　C. 2　　D. 1

二、实训与指导

某厕浴间地面聚氨酯涂膜防水施工

1. 实训目标

熟悉厕浴间地面聚氨酯涂膜防水操作工艺，掌握地面涂膜防水层施工的基本技术。

2. 实训内容

以某建筑物厕浴间为实训场地，若干人为一组，用刷涂法完成指定范围内（包括一处节点，如穿楼板管道、地漏等）的涂膜防水地面的防水层施工。

3. 实训准备

(1) 材料。聚氨酯防水涂料、磷酸或苯磺酰氯、涤纶无纺布或玻璃纤维布、108胶、石渣、普通硅酸盐水泥、中砂、乙酸乙酯、二甲苯。

(2) 工具。小平铲、扫帚、抹子、卷尺、剪刀、滚动刷、油漆刷、塑料刮板。

4. 实训步骤

基层处理→刷基层处理剂→节点密封及附加增强处理→刷第一遍涂料→刷第二遍涂料→

刷第三遍涂料→第一次蓄水试验→细撒砂粒→做保护层→第二次蓄水试验。

5. 思考与分析

(1) 进行相关咨询，准备相应资料，准确计算材料用量，按产品说明进行配料。

(2) 准备涂布施工必要的工具及安全防护用品。

(3) 了解操作工艺流程，事先熟悉涂膜方案。

(4) 注意每遍涂刷的重量、厚度及间隔时间。

6. 考核内容与评分标准

序号	评定项目	评分标准	满分	检测点					得分
				1	2	3	4	5	
1	基层处理	表面无尘土、砂粒或潮湿处。每个检测点 1 分，满足得 1 分，不满足得 0 分	5						
2	刷基层处理剂	配制达标，先刷边角，再刷大面，均匀无漏底，一次涂好，不反复涂刷。每个检测点 1 分，满足得 1 分，不满足得 0 分	5						
3	节点密封及附加增强处理	按产品说明进行配料，搅拌均匀。附加的范围一般为节点及周边扩大 200 mm 范围内，刮涂遍数及总厚度符合要求。每个检测点 2 分，满足得 2 分，不满足得 0 分	10						
4	刷第一遍涂料	涂料配料和搅拌符合要求，涂层无气孔、气泡，涂层平整，厚薄适宜。每个检测点 3 分，满足得 3 分，不满足得 0 分	15						
5	刷第二遍涂料	涂料配料和搅拌符合要求，刮涂方向必须与第一遍刮涂方向垂直，涂层无气孔、气泡，涂层平整，厚薄适宜。每个检测点 3 分，满足得 3 分，不满足得 0 分	15						
6	刷第三遍涂料	涂料配料和搅拌符合要求，刮涂方向必须与第一遍刮涂方向垂直，涂层无气孔、气泡，涂层平整，厚薄适宜。每个检测点 3 分，满足得 3 分，不满足得 0 分	15						
7	细撒砂粒、做保护层	砂粒撒布均匀，未黏结的砂粒应清扫回收。每个检测点 1 分，满足得 1 分，不满足得 0 分	5						
8	安全文明施工	重大事故不合格，一般事故本项无分，未做到工完场清无分，扫而不清扣 8 分	15						
9	工效	按劳动定额时间进行，超过定额时间 10% 本项无分，在 10% 以下酌情扣 1～15 分	15						

第六单元　地下防水施工

地下防水工程是指对全埋或半埋于地下或水下的地下室、隧道以及蓄水池等建筑物、构筑物进行防水设计、防水施工和维护管理等技术工作的工程实体。地下工程的特点是，由于受地下水的影响，如果没有防水措施或防水措施不得当，那么地下水就会渗入其结构内部，导致混凝土腐蚀、钢筋生锈、地基下沉，甚至淹没建筑物、构筑物，直接危及其安全。

为了保证地下工程的正常使用，必须根据地下工程防水等级的要求，选择合适的防水方案和采取有效的防水措施。有关地下工程防水等级的规定在本书第一单元已作介绍，供参照。

模块一　地下工程卷材防水施工

知识技能要求

1. 了解地下工程卷材防水施工工艺和施工方法。
2. 能按照地下卷材防水施工工艺从事防水工程施工。

一、卷材防水施工准备

地下工程卷材防水层是采用高聚物改性沥青防水卷材或合成高分子防水卷材和与其配套的胶结材料（沥青胶或高分子胶黏剂）胶合而成的一种单层或多层防水层。这种防水层的主要优点是防水性能好，具有一定的韧性和延伸性，能适应结构的振动和微小变形，不致产生破坏而导致渗水现象，并能抗酸、碱、盐溶液的侵蚀。但卷材防水层耐久性差，吸水率大，机械强度低，施工工序多，发生渗漏时难以修补。

1. 作业条件

（1）用卷材做地下工程的防水层，因其将长时间处在地下水的浸泡中，所以不得采用极易腐烂变质的纸胎类沥青防水油毡。

（2）地下工程防水卷材的施工必须在结构验收合格后方可进行。卷材防水层是依靠其结构层的刚度并由单层或多层卷材铺贴形成的。所以，铺贴卷材的结构层必须坚固，其结构形式要简单，被粘贴卷材的基层表面要平整牢固、清洁、干燥。

（3）卷材防水层铺贴前，所有穿过防水层的管道、预埋件均应施工完毕，并做好防水处理。防水层铺贴后，严禁在防水层上面再打眼开洞，以免引起水的渗漏。

（4）卷材防水层应铺设在混凝土结构主体的迎水面上。

（5）为了便于施工并保证其施工质量，施工期间的地下水位应降低到垫层以下不少于

500 mm 处。

（6）卷材防水层应铺在底板垫层上表面，以便形成结构底板、侧墙以及墙体顶端以上外围的外包封闭防水层。

（7）铺设卷材防水层严禁在雨雪天以及五级风以上的条件下施工，正常的施工温度范围为 5～35℃，冷粘贴施工温度不宜低于 5℃，热熔法施工温度不宜低于 －10℃，冬季施工时应采取保温措施，雨天施工时应采取防雨措施。

（8）铺设卷材前，应在基面上涂刷基层处理剂。在基层较为潮湿的情况下，应涂刷湿固化型胶黏剂或潮湿界面隔离剂。卷材防水层所采用的这些基层处理剂应与卷材及胶黏剂的材料相容。基层处理剂可采用喷涂法、涂刷法施工，喷涂应均匀一致，不露底。待表面干燥后，方可铺贴卷材。

2. 找平层的施工

地下工程卷材防水层应铺设在水泥砂浆找平层上。在整体混凝土垫层上铺抹水泥砂浆找平层，厚度为 20～25 mm，太薄了容易爆皮。由于卷材铺贴时，要求基层基本干燥，而地下工程受地下水位的影响，干燥比较困难。施工时要求在铺贴卷材时和铺贴卷材后的一段时间内（7～10 天），连续不断地抽去地下水，使胶黏剂有足够的时间进行固化。在铺抹找平层时，也可在水泥砂浆中加入适量的微膨胀剂，并分两次铺抹，以有效隔绝地下水的渗透。

找平层应符合以下要求：

（1）地下工程找平层的平整度与屋面工程相同，表面应清洁、牢固，不得有酥松、尖锐棱角等凸起物。

（2）找平层的阴阳角部位，均应做成圆弧形，圆弧半径参照屋面工程的规定，合成高分子防水卷材的圆弧半径应不小于 20 mm；高聚物改性沥青防水卷材的圆弧半径应不小于 50 mm；非纸胎沥青类防水卷材的圆弧半径为 100～150 mm。

（3）铺贴卷材时，找平层应基本干燥。将要下雨或雨后找平层尚未干燥时，不得铺贴卷材。

找平层的做法应根据不同的部位分别考虑，对主体结构平面应利用结构自身通过多次收水、压实、找坡、抹平以满足施工做防水的平整度的要求，这样的做法有利于防水层与结构混凝土的结合，有利于防水层适应基层裂缝与延展。对于结构竖向墙的找平层，应在找平层施工前先涂刷一道界面处理剂（如采用聚合物水泥）再做找平层，以避免找平层的空鼓、开裂。

二、地下工程卷材防水层的施工

地下工程卷材防水层施工时，铺贴卷材的基层要求、基层处理剂与胶黏剂的选用、铺贴卷材的方法（热熔法、冷粘法和自粘法等）与屋面卷材防水层施工基本相同。表 6—1 为高聚物改性沥青防水卷材热熔法施工过程，表 6—2 为合成高分子防水卷材（以三元乙丙橡胶防水卷材为例）冷粘法施工过程。

地下工程防水层施工时一般把卷材防水层铺贴在需防水结构的外侧（迎水面），称为外防水。外防水的卷材防水层，按地下所需防水结构的施工先后顺序，可分为外防外贴法和外防内贴法两种。

表 6—1　　高聚物改性沥青防水卷材热熔法施工过程

施工操作	图　示
清理基层	
准备材料	
准备机具	
涂刷基层处理剂，均匀盖底，不得漏刷	

续表

施工操作	图　示
铺贴附加层卷材，在阴阳角、穿墙管、预埋件等部位铺贴一层附加层卷材。阴阳角卷材接缝应留在平面上，距离立面不小于600 mm	
热熔铺贴大面积卷材时先熔黏端部卷材	
喷灯与卷材距离根据火焰大小确定，一般为0.3～0.5 m，切忌烤透卷材	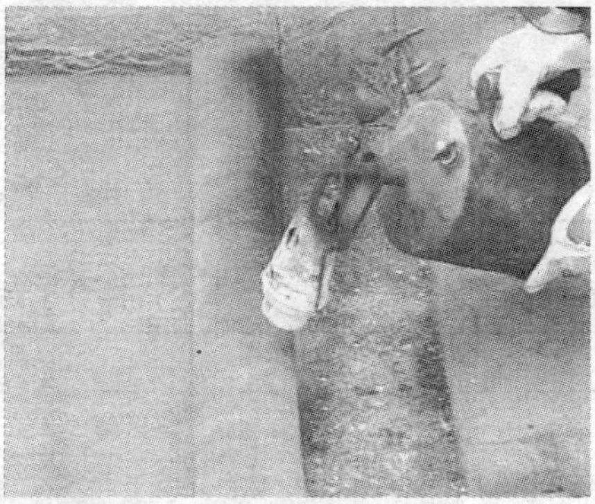
一边用喷灯加热，一边用抹子封边	

续表

施工操作	图　示
接缝要黏结牢固	
保护层施工时，在地下防水卷材立面表面抹 20 mm 厚的水泥砂浆保护层，平面抹厚度为 30～50 mm 的 1∶3 的水泥砂浆	

表 6—2　　合成高分子防水卷材冷粘法施工过程

施工操作	图　示
准备防水卷材配套胶黏剂	

续表

施工操作	图　示
准备防水卷材冷粘法施工工具	
清理基层	
涂刷基层处理剂，要均匀，不得见白露底，干燥 4 h 以上后才能进行下一道工序	
在阴阳角和平立面交接处铺贴附加层卷材	

施工操作	图　示
涂刷基层胶黏剂。在基层和卷材上均涂刷胶黏剂，干燥约 20 min 后进行粘贴	
铺贴大面积卷材	
卷材接缝黏结时卷材接缝长度长边不小于 80 mm，短边不小于 100 mm。转角处接缝应在平面上，距立面不小于 600 mm	
保护层施工	

1. 外防外贴法

外防外贴法是在地下结构的墙体做好后，将卷材防水层直接铺贴在需防水结构的墙面上，然后砌筑保护墙，如图6—1所示。

外防外贴法的施工顺序是：在铺贴卷材时，应先铺贴平面，后铺贴立面，平、立面交接处应先交叉搭接。即先在混凝土底板垫层上抹1∶3水泥砂浆找平层，等干燥后，铺贴底板卷材防水层，并在四周伸出与墙身卷材防水层搭接的接头。为了避免伸出的卷材接头受损，在铺贴底板卷材前，先在垫层周围砌筑保护墙。保护墙分为两部分，下部为永久性保护墙，高度不小于 $B+200$ mm（B 为底板厚度）。上部为临时保护墙，高度按卷材搭接长度而定，一般为450～600 mm，用石灰砂浆砌筑，保护墙砌筑完成后，再将伸出的卷材搭接接头临时贴在保护墙上。进行混凝土底板与墙身施工前，先进行墙体拆模，在墙壁面上抹水泥砂浆找平层，刷冷底子油，再将临时保护墙拆除，找出各层卷材搭接接头，并将其表面清理干净。此处卷材应用错槎接缝，依次逐层将卷材防水层铺贴在墙身上，最后砌筑永久性保护墙。

外防外贴法的优点是：结构不均匀沉降时，对防水层的影响较小；防水层贴好后即可进行渗漏水试验，如需修补也较方便。缺点是：施工工序较多，工期较长，施工占地面积较大；底板与接头处卷材易受损，接槎的施工较麻烦，接槎处质量较差。

2. 外防内贴法

外防内贴法如图6—2所示，是在地下结构的底板未做以前，先在混凝土垫层四周砌筑保护墙，然后，将卷材防水层铺贴在混凝土垫层与保护墙上，最后再进行地下需防水结构的混凝土底板与墙体的施工。

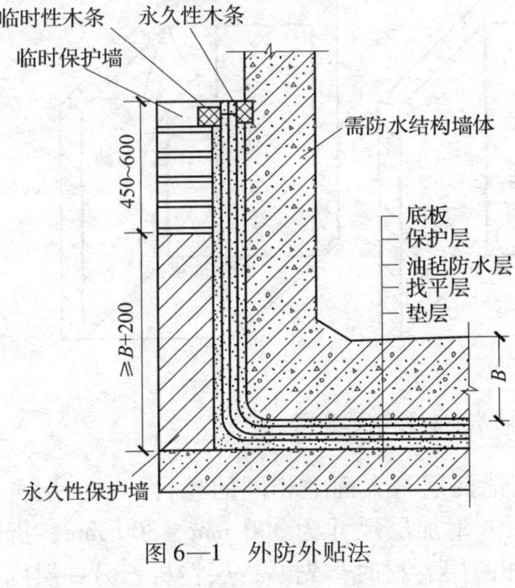

图6—1　外防外贴法

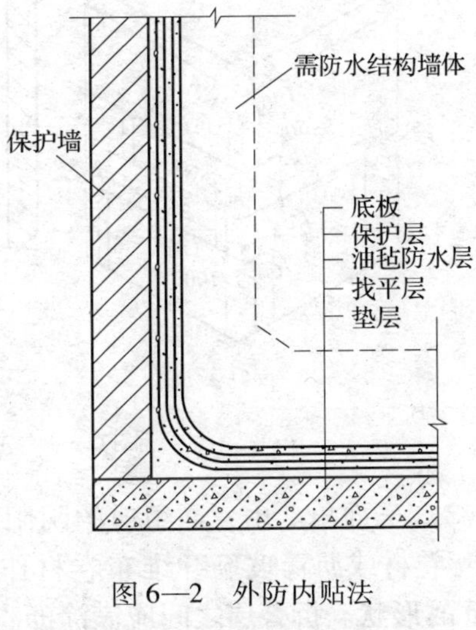

图6—2　外防内贴法

外防内贴法的施工顺序是：在铺贴卷材时，为避免底板面的卷材防水层遭受损伤，应先铺贴立面，后铺贴平面。铺贴立面时，先铺贴转角，后铺贴大面。即先在混凝土底板垫层四周砌筑永久性保护墙，在垫层上和保护墙内表面抹1∶3水泥砂浆找平层，然后在砂浆找平层上铺贴卷材；在防水层上面再做水泥砂浆保护层，最后进行地下防水结构的混凝土底板与墙体施工。

外防内贴法的优点是：卷材防水层施工方便，底板与墙体防水层可一次铺贴完，不必留接槎；施工占地面积也较小。缺点是：结构不均匀沉降时，结构与保护墙发生相对位移，对防水层影响较大；竣工后如发现渗漏水现象时，较难修补。当施工条件受限时，方可采用外防内贴法施工。

三、卷材防水层细部构造的施工

1. 转角部位的处理

阴阳角、三面角等平立面的交角处，防水卷材铺贴较困难，也是防水的薄弱环节，应按以下方法作加强处理。

（1）两面角。底板与墙的交角处，先增贴 1 ~ 2 层和大面相同的卷材，或用拉伸强度较高的卷材作为附加层，然后再铺贴卷材，如图 6—3 所示。

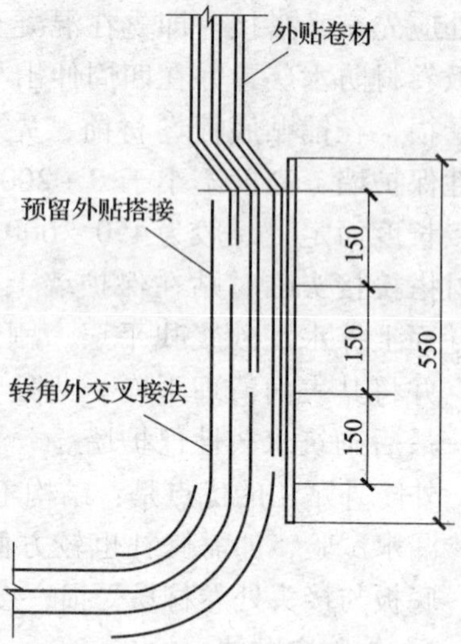

图 6—3　转角处卷材接头

在主墙阳角处，先铺一条宽为 200 mm 的卷材条作为附加层，各层卷材铺贴完后，再在其上铺一层宽 200 mm 的卷材附加层。

在主墙阴角处，先将卷材对折，然后自下而上粘贴左边部分卷材，左边贴好后，用刷油法粘贴右边卷材，如图 6—4 所示。

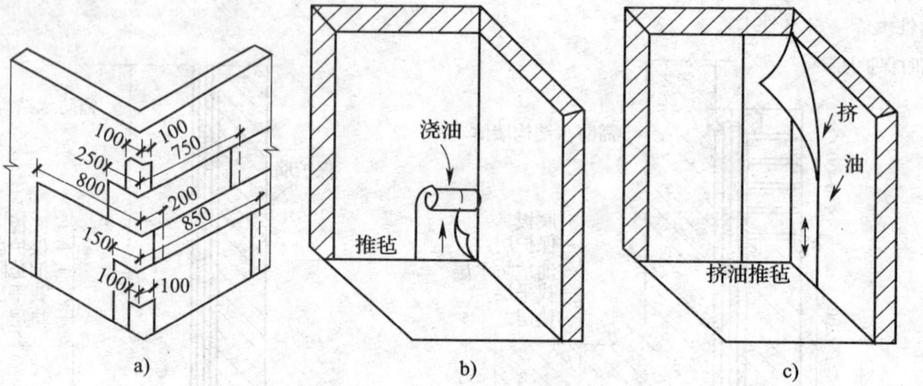

图 6—4　主墙两面角防水卷材粘贴示意图

（2）三面角。由三面组成的阴阳角处，先铺两层与大面上相同的卷材，或一层再生橡胶沥青卷材或沥青玻璃纤维布卷材作为附加层。附加层尺寸为 300 mm × 300 mm，折成图 6—5a 的形状。折叠层之间应满涂沥青胶。附加两层卷材时，先贴一层卷材，另一层则待防水层做完后再贴，如图 6—5b 所示。

附加层铺好后，再铺贴第一层卷材。铺贴第一层卷材时，卷材的压边距转角处一侧为 1/3 幅宽，另一侧为 2/3 幅宽；第一层粘贴后好，再粘贴第二层卷材，第二层卷材与第一层卷材长边错开 1/3 幅宽，接头错开 300 ~500 mm。在立面与底面的转角处，卷材的接缝应留在底面上，距墙根不小于 600 m。三面角卷材铺贴方法如图 6—6 所示。

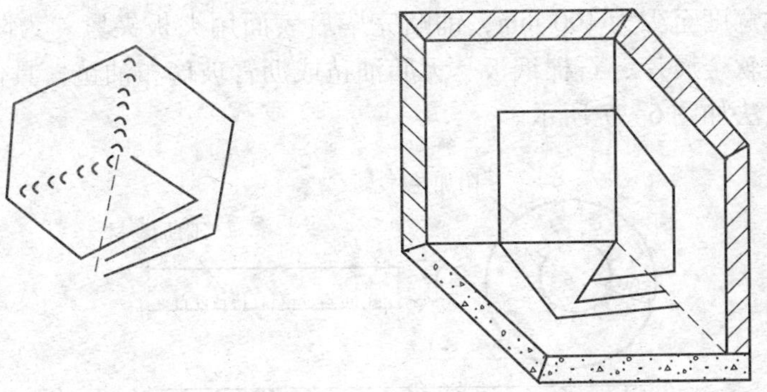

a)　　　　　　　　　　　　b)

图 6—5　三面角卷材附加层示意图

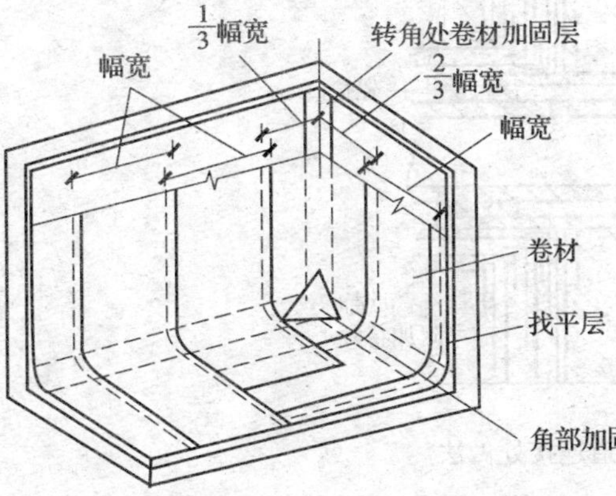

a)阴角的加固层和第一层油毡铺贴方法

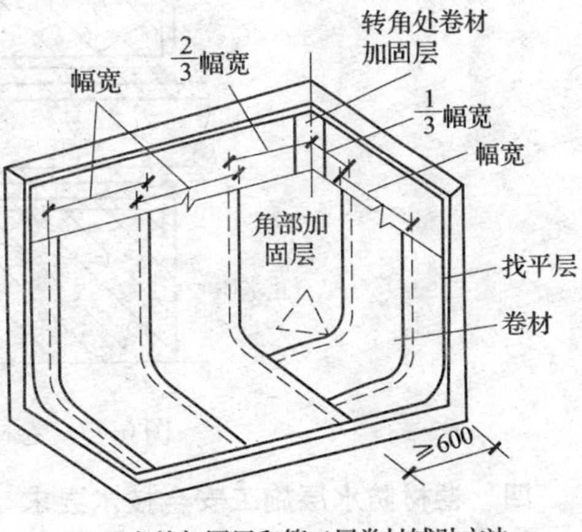

b)阴角的加固层和第二层卷材铺贴方法

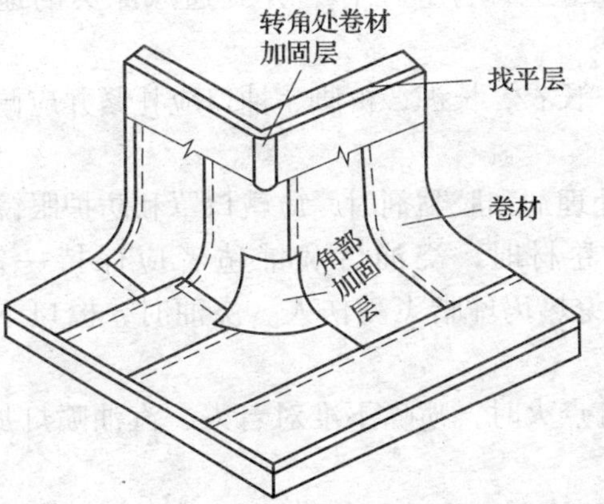

c)阴角的第一层卷材铺贴法

图 6—6　三面角卷材铺贴示意图

2. 穿墙管部位处理

穿墙管处应埋设带有法兰盘的套管。施工时先将穿墙管穿入套管，然后在套管的法兰盘上做卷材防水层。首先将法兰盘及夹板上的污垢和铁锈清除干净，刷上沥青，其上逐层铺贴卷材，卷材的铺贴宽度至少为 100 mm，铺贴完毕后表面用夹板夹紧。为防止夹板将油毡压坏，夹板下可衬垫软金属片、石棉纸板、无胎油毡或沥青玻璃布油毡。具体管道埋设处与卷材防水层连接处做法如图 6—7 所示。

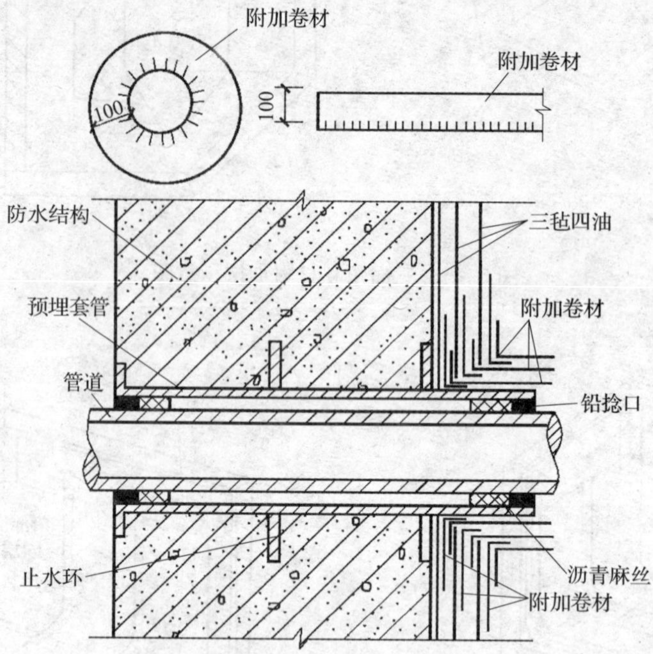

图 6—7　卷材防水层与管道连接处做法

四、卷材防水层施工安全技术要求

1. 患有皮肤病、眼病、刺激过敏者，不宜参加卷材防水的操作工作；施工过程中，如发生恶心、头晕、过敏等，应立即停止工作，并到通风凉爽的地方休息，或请医生诊治。

2. 操作工人应穿软底鞋、长衣、长裤，裤脚、袖口应扎紧并应佩戴手套、护脚、口罩，外露皮肤应涂擦防护膏。

3. 涂刷有害健康的基层处理剂和胶黏剂时，应戴口罩和防护眼镜。

4. 用热沥青玛琋脂铺贴卷材时，浇油者和铺毡者应保持一定的距离（不得小于 200 mm），根据风向错位，避免热玛琋脂飞溅伤人。浇油时，檐口下方不得有人行走或停留，以防热玛琋脂流下伤人。

5. 液化气喷枪及汽油喷灯点火时，喷嘴不准对着人，汽油喷灯加油不得过满，打气不得过足。

6. 使用溶剂型基层处理剂及胶黏剂时，现场应严禁烟火。材料应存放于专人负责的库房，库房应有一定的安全距离，严禁烟火并应有醒目的标示，应有防火措施和灭火器材等。

7. 在地下室或其他不通风环境下进行热熔施工时，应有通风设施；施工人员应缩短作业时间。

8. 热熔施工的卷材防水层在施工后不要立即上人。

9. 竣工后的卷材防水层不要堆积钝器或其他建筑材料。

五、地下工程卷材防水施工质量问题的原因与防治措施

1. 卷材防水层空鼓

（1）原因。基层潮湿，找平层污染，立面热作业铺粘操作困难等。

（2）防治措施。地下防水施工时，必须把地下水位提前降至垫层标高以下至少300 mm，以使基层干燥，基层应洁净，冷底子油等基层处理剂必须涂满。粘贴卷材时，胶黏剂必须涂满，卷材铺贴时，气温应在5℃以上，并避免雨天施工。立面铺贴时，应使用橡胶刮板将胶黏剂刮抹均匀。一旦发生空鼓，应切开卷材层，重新粘贴。

2. 卷材搭接不良，铺贴后的卷材甩槎被污损，或立面临时保护墙的卷材被撕破

（1）原因。临时保护墙的砌筑强度过高，或拆除时不小心，对卷材层没有采取有效保护措施；或地下水位回升，卷材受浸泡、污染。

（2）防治措施。临时保护墙上的油毡不能用胶黏剂粘贴，应用附加保护油毡包裹后钉在木砖上。临时保护墙拆除时应有严格的管理措施。

3. 卷材转角部位渗漏

（1）原因。转角部位圆弧半径过小，卷材粘贴不实，后续工序施工时戳破卷材；或卷材质量不好，韧性太差；或沥青胶结料温度过高或过低，卷材粘贴不良。

（2）防治措施。转角部必须做成合格的圆弧形，转角部位应选用韧性好的卷材，并要增做附加层。如转角部位粘贴不牢，应将该处卷材割开，灌入胶结料，用喷灯烘烤并压实卷材。

练习与实训

一、练习题

1. 填空题

（1）地下工程铺设卷材防水层严禁在雨雪天以及__________级风以上的条件下施工，正常的施工温度范围为__________℃。

（2）地下工程铺设卷材时，在立面与平面的转角处，卷材的接缝应留在平面上，距立面不应小于__________ mm 。

（3）地下卷材施工时基层需干燥，含水率不大于__________%。

（4）地下工程找平层的阴阳角部位均应做成圆弧形，合成高分子防水卷材的圆弧半径应不小于__________ mm，高聚物改性沥青防水卷材的圆弧半径应不小于__________ mm。

（5）地下工程防水，采用高聚物改性沥青防水卷材制作防水层厚度不应小于3 mm，单层使用时厚度不应小于__________ mm。

2. 判断题

（1）地下工程卷材防水层铺设在混凝土结构主体的迎水面上。（　　）

（2）地下工程卷材防水层为一层或两层，应选用高聚物改性沥青类或合成高分子防水卷材。（　　）

（3）地下工程防水处于转角处、阴阳角等特殊部位，应增贴1~2层相同的卷材，宽度不小于250 mm。（　　）

（4）在整个地下防水工程施工期间，都必须做好排水和降低地下水位的工作。（　　）

3. 简答题

试述地下工程卷材施工作业条件。

二、实训与指导

实训1 热熔法施工地下室地板至立面的卷材防水层

1. 实训目标

熟悉地下室外防内贴法施工卷材防水层的施工工艺，掌握热熔法施工卷材防水层施工的基本技术。

2. 实训内容

在模拟地下室防水实训场地或某地下室建设工地进行，以做好地板垫层及保护墙找平层，4人为一组，用外防内贴法完成指定部位地下室地板至立面的卷材防水层施工，采用满粘法紧密贴严。

3. 实训准备

(1) 材料。SBS改性沥青或APP改性沥青防水卷材，基层处理剂。根据给定的施工面积计算应准备的用量。

(2) 工具。棕扫帚、小平铲、钢丝刷、长柄刷、剪刀、彩色粉袋、粉笔、钢卷尺、小线绳、火焰加热器、手持压辊、铁辊、扁平压辊、刮板、烫板、消防器材、劳保用品(工作服、安全帽、防护眼镜、手套、口罩)。

4. 实训步骤

基层处理→刷基层处理剂→节点附加增强处理→定位弹线和试铺卷材→滚铺法铺贴卷材→热熔封边。

5. 思考与分析

(1) 准备相应资料，准确计算材料用量。

(2) 领会操作工艺流程，事先确定铺贴方案，掌握热熔法滚铺操作技术要领。

(3) 实训小组成员要分工明确，配合协调，加热、滚铺、排气收边、压实等工序做到规范有序。

6. 考核内容与评分标准

序号	评定项目	评分标准	满分	检测点					得分
				1	2	3	4	5	
1	基层处理	表面无尘土、砂粒或潮湿处。每个检测点1分，满足得1分，不满足得0分	5						
2	刷基层处理剂	均匀无漏底，不得过厚或过薄。每个检测点1分，满足得1分，不满足得0分	5						
3	节点附加增强处理	均匀涂刷一层厚度不小于1 mm的弹性沥青胶黏剂，随即粘贴一层聚酯纤维无纺布，并在布上再涂一层1 mm厚的胶黏剂。附加的范围符合要求。每个检测点3分，满足得3分，不满足得0分	15						
4	定位弹线和试铺卷材	定位、弹线准确。每个检测点2分，满足得2分，不满足得0分	10						

续表

序号	评定项目	评分标准	满分	检测点					得分
				1	2	3	4	5	
5	滚铺法铺贴卷材	持焰具位置合适，往返加热达标，滚铺卷材粘贴密实，无空鼓。每个检测点7分，满足得7分，不满足得0分	35						
6	热熔封边	沿边油刮平，密封严实，不翘边。每个检测点2分，满足得2分，不满足得0分	10						
7	安全文明施工	重大事故不合格，一般事故本项无分，未做到工完场清无分，扫而不清扣5分	10						
8	工效	按劳动定额时间进行，超过定额时间10%本项无分，在10%以下酌情扣1~10分	10						

实训2　冷粘法施工地下三面阴角卷材防水层

1. 实训目标

通过对地下室三面阴角卷材防水层施工，熟悉地下室卷材防水层细部构造施工工艺，掌握地下室复杂部位卷材防水层施工的基本技术。

2. 实训内容

以某建筑物地下室为实训基地，3人或4人为一组，完成包括附加层在内的三面阴角卷材防水层施工，附加层为两层与大面上相同的卷材。

3. 实训准备

(1) 材料。三元乙丙橡胶防水卷材、基层与卷材胶黏剂、卷材与卷材胶黏剂（A、B组分)、清洗剂。根据给定的施工面积计算应准备的用量。

(2) 工具。扫帚、小平铲、电动搅拌器、滚动刷、铁桶、扁平辊、手辊、大型辊、剪刀、卷尺、铁管、小线绳、粉笔、消防器材、劳保用品（工作服、安全帽、防护眼镜、手套、口罩)。

4. 实训步骤

基层处理→刷基层处理剂→节点附加增强处理→涂刷与基层间的胶黏剂→粘贴防水卷材(展铺法) →卷材接缝粘贴。

5. 思考与分析

(1) 准备相应资料，准确计算材料用量，注意区分基层与卷材胶黏剂、卷材与卷材间胶黏剂，双组分配料比例。

(2) 领会操作工艺流程，事先确定铺贴方案，注意附加层尺寸为300 mm×300 mm，应预先裁剪并折叠，第二层卷材与第一层卷材长边错开1/3幅宽，接头错开300~500 mm。

6. 考核内容与评分标准

序号	评定项目	评分标准	满分	检测点					得分
				1	2	3	4	5	
1	基层处理	表面无尘土、砂粒或潮湿处。每个检测点1分，满足得1分，不满足得0分	5						
2	刷基层处理剂	均匀无漏底，不得过厚或过薄，动作迅速，一次涂好，不反复涂刷。每个检测点1分，满足得1分，不满足得0分	5						
3	节点附加增强处理	黏结剂按产品说明进行配料，搅拌均匀。附加层尺寸及裁剪折叠形状符合，粘贴紧密，先贴一层附加层，待基本防水层卷材做完后贴第二层附加层。每个检测点3分，满足得3分，不满足得0分	15						
4	涂刷与基层间的胶黏剂	在卷材上画出长边及短边各不涂胶的接缝部位，均匀涂刷，不堆积。每个检测点2分，满足得2分，不满足得0分	10						
5	粘贴防水卷材（展铺法）	定位准确，卷材不得拉伸，滚压及时，排尽空气，黏结牢固。每个检测点7分，满足得7分，不满足得0分	35						
6	卷材接缝粘贴	搭接部位卷材翻开临时固定规范，涂刷胶黏剂至粘贴时间控制合理，粘贴牢固，卷材接缝及收头处密封膏嵌封严密。每个检测点2分，满足得2分，不满足得0分	10						
7	安全文明施工	重大事故不合格，一般事故本项无分，未做到工完场清无分，扫而不清扣5分	10						
8	工效	按劳动定额时间进行，超过定额时间10%本项无分，在10%以下酌情扣1~10分	10						

注：本实训也可根据实际条件，选用自粘型防水卷材，采用自粘法施工。

模块二　地下工程涂膜防水施工

知识技能要求

1. 了解地下工程涂膜防水施工工艺和施工方法。
2. 能按照地下工程涂膜防水施工工艺从事防水工程施工。

地下工程防水层大部分位于最高地下水位以下，常年处于潮湿环境中，用涂膜做防水层时，宜采用中、高档防水材料，如合成高分子防水涂料等，不得采用乳化沥青类防水涂料。

一、地下工程涂膜防水施工要求

1. 了解材性后进行选材

对所选涂料及其配套材料的性能应予以了解，在此基础上确定做法（如不加胎体的单纯涂膜防水，或加胎体的一布二涂、二布三涂、多布多涂）及施工工艺（总厚度、涂布层数、每层厚度、涂布间隔时间、胎体材料的铺贴方法以及保护层的设置等）。

胎体的选用应与涂料材性相搭配，pH 值小于 7 的酸性涂料应选用低碱或玻璃纤维胎体，pH 值大于 7 的碱性涂料应选用无碱玻璃纤维胎体等，以避免因腐蚀而削减胎体抗拉强度，失去增强作用。因此应注意胎体材料不得乱用。

2. 严守规程、精心施工、满足设计要求

按照设计要求的材料及总厚度，确定是用薄质还是用厚质涂料施工工艺；按照涂料性质和设计总厚度确定涂料施工分层厚度（一般以每平方米用量来控制）以及涂刷间隔时间。这是影响涂料成膜质量的关键，也是涂膜防水层的质量关键。这就必须按不同类型涂料的性能严格遵循操作规程精心施工，努力做到涂布均匀、厚薄一致、每层涂料同时成膜，顺利地按工艺规定进行施工操作，确保质量。

涂膜防水层的施工顺序应遵循“先远后近、先高后低、先细部后大面、先立面后平面”的原则，以利涂膜质量及涂膜保护。

3. 对基层及自然条件的要求

地下工程涂膜防水层宜涂刷在结构具有自防水性能的基层上，与结构共同组成刚柔复合防水涂料，以提高防水的可靠性能。地下工程涂膜防水层宜涂刷在补偿收缩水泥砂浆找平层上，找平层的平整度应符合要求，基层表面的气孔、凸凹不平、蜂窝、缝隙、起砂等缺陷应先修补处理，基面必须干净、无浮浆、无水珠、不渗水。涂布时，找平层应干燥。

涂料施工前，其自然条件最佳气温为 10 ~ 30℃。无遮蔽条件时，涂膜防水层不能在 5 级以上大风、雨天、将要下雨、雨后尚未干燥时施工。

二、地下工程涂膜防水施工工艺

地下工程涂膜防水施工工艺与屋面涂膜防水施工基本相同，考虑到质量保证方面的因素，大多采用薄质涂料施工。薄质涂料一般采用涂刷法或喷涂法施工。胎体材料有湿铺法和干铺法两种。湿铺法的操作要点是，先刷涂料、后铺胎体，再用滚刷滚压使胎体布眼浸满涂料。干铺法的操作要点是，先干铺胎体，随后在胎体上满刮涂料，使涂料浸入胎体布眼并与下层已固化的涂膜结成整体。

地下施工应注意防止边坡塌方，上下应设有扶梯，坑边应设有栏杆，使用架子时，先检查是否安全，再进行施工。

三、地下工程涂膜防水施工常见质量缺陷的原因与防治措施

1. 涂膜防水地下室漏水

（1）原因。混凝土配合比及施工质量不良，存在贯通的孔洞；由于各种原因使地下室出现裂缝；防水涂层施工质量不好或防水涂层延伸性不够而造成防水层拉裂。

（2）防治措施。用防水材料等先引流排水，然后填缝堵洞，杜绝渗漏，最后用防水涂料配合纤维增强材料形成涂膜封闭。

2. 变形缝、施工缝和新旧结构接头处渗漏

（1）原因。混凝土施工质量不良，收缩量过大，出现裂缝；一些部位的细部防水处理方法欠妥，如止水带安放位置不当，混凝土浇捣不够严实，嵌缝膏填塞不严等；密封材料及防水涂层延伸率不够，被拉裂或脱离黏结面等。

（2）防治措施。在漏水部位嵌填、粘贴或注入柔性或强度大的防水材料，在表面用弹性防水涂料（如聚氨酯防水涂料等）和纤维材料做增强防水层。

3. 穿墙管和预埋管处漏水

(1) 原因。管子或套管安装不严密，周围出现裂缝和缝隙；细部处理方法欠妥，管外壁及混凝土预留孔壁之间的密封材料填塞不严，外侧防水涂料加强层黏结不良；密封材料及防水涂料层因延伸度不够，被拉裂或脱离黏结面。

(2) 防治措施。清理管子外侧空间的嵌填密封材料或注浆材料，重新严密堵塞；管子与地下室壁面连接根部用弹性防水涂料配合纤维材料做增强防水层。

练习题

1. 填空题

(1) 地下施工应注意防止________，上下应设有________，坑边应设有________，使用架子时，先检查是否安全，再进行施工。

(2) 涂膜防水层的施工顺序应遵循________的原则。

2. 简答题

简述地下工程涂膜防水施工常见质量缺陷的原因与防治措施。

模块三 地下建筑刚性防水施工

知识技能要求

1. 了解地下建筑刚性防水（防水混凝土、水泥砂浆防水层）施工工艺和施工方法。

2. 能按照地下刚性防水施工工艺从事防水工程施工。

一、防水混凝土结构防水施工

以混凝土自身的密实性、憎水性而具有一定防水能力的混凝土结构或钢筋混凝土结构称为混凝土结构自防水。这种结构兼具承重、围护、防水等三重作用，还可以满足一定的耐冻融耐侵蚀要求。

防水混凝土工程的质量保证，除要求有优良的配合比设计，良好的材料质量，还要求有严格的施工质量控制。施工过程中的任一环节，如搅拌、运输、浇灌、振捣、养护处理不当都会给混凝土的质量带来影响。因此施工人员必须对上述各个环节严格加以控制，以确保防水混凝土工程质量。

1. 施工的基本规定

(1) 防水混凝土工程的施工，应尽可能做到一次浇灌完成。

(2) 施工期间应做好基坑降排水工作，应使地下水面低于施工底面 30 cm 以下，严防地下水及地面水流入基坑造成积水，影响混凝土正常硬化，导致防水混凝土强度及抗渗性降低。在主体混凝土结构施工前必须做好基础垫层混凝土，使其起到辅助防水作用。

(3) 防水混凝土的配合比应符合设计要求。

(4) 防水混凝土配料必须按质量配合比准确称量。计量允许偏差不应大于下列规定：

1）水泥、水、外加剂、掺和料为 ±1%。

2）砂、石为 ±2%。

（5）使用减水剂时，减水剂宜预溶成一定浓度的溶液。

（6）防水混凝土拌和物，必须采用机械搅拌，搅拌时间不应少于 2 min。掺外加剂时，应根据外加剂的技术要求确定搅拌时间。

（7）防水混凝土拌和物在运输后如出现离析，必须进行二次搅拌。当坍落度损失后不能满足施工要求时，应加入原水灰比的水泥浆或二次掺加减水剂进行搅拌，严禁直接加水。

（8）防水混凝土必须采用高频机械振捣密实，振捣时间宜为 10 ~ 30 s，以混凝土泛浆和不冒气泡为准，应避免漏振、欠振和超振。掺加引气剂或引气型减水剂时，应采用高频插入式振捣器振捣的方式。

（9）防水混凝土应连续浇筑，宜少留施工缝。顶板、底板不宜留施工缝，顶拱、底拱不宜留纵向施工缝。

（10）施工缝防水的基本结构形式如图 6—8 所示。

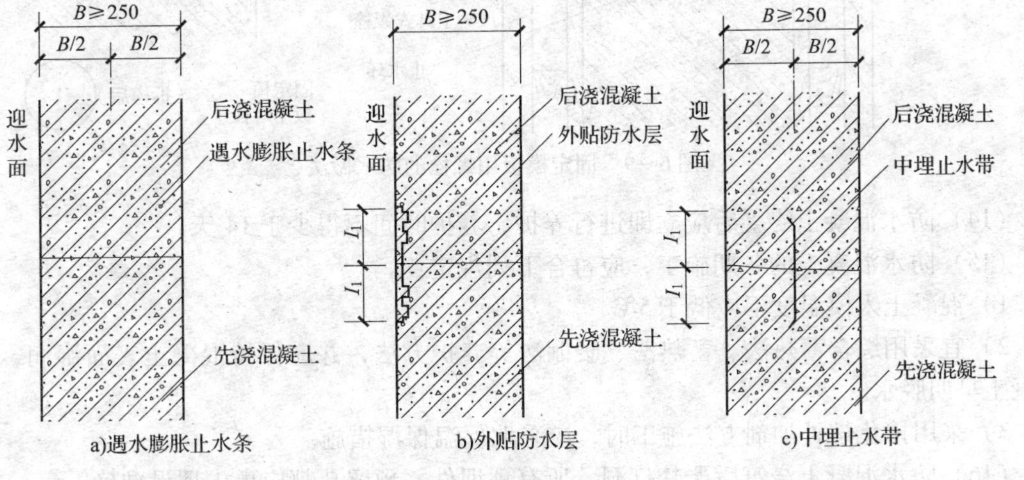

图 6—8 施工缝的防水基本构造

（11）施工缝的施工规定

1）水平施工缝浇灌混凝土前，应将其表面浮浆和污物清除，先铺净浆，再铺 30 ~ 50 mm厚的 1∶1 水泥砂浆或涂刷混凝土界面处理剂，并及时灌注混凝土。

2）垂直施工缝浇灌混凝土前，应将其表面清理干净，并涂刷水泥净浆或混凝土面处理剂，并及时浇灌混凝土。

3）选用的遇水膨胀止水条应具有缓胀性能，7 天的膨胀率不应大于最终膨胀率的60%。

4）遇水膨胀止水条应牢固地安装在缝表面或预留槽内。

5）用中埋止水带时，应确保位置准确、固定牢靠。

（12）大体积防水混凝土的施工措施

1）在设计许可的情况下，采用混凝土 60 天强度作为设计强度。

2）采用低热或中热水泥，掺加粉煤灰、磨细矿渣粉等掺和料。

3）加入减水剂、缓凝剂、膨胀剂等外加剂。

4）在炎热季节施工时，采取降低原材料温度、减少混凝土运输时吸收外界热量等降温措施。

5）混凝土内部预埋管道，进行冷水散热。

6）采取保湿养护措施，混凝土中心温度与表面温度的差值不应大于25℃，混凝土表面温度与大气温度的差值不应大于25℃，养护时间不应少于14天。

（13）防水混凝土结构内部设置的各种钢筋或绑扎铁丝，不得接触模板。固定模板用的螺栓必须穿过混凝土结构时，可采用工具式螺栓或螺栓加堵头，螺栓上应加焊方形止水环。拆模后应采取加强措施将留下的凹槽封堵密实，并宜在迎水面涂刷防水涂料，如图6—9所示。

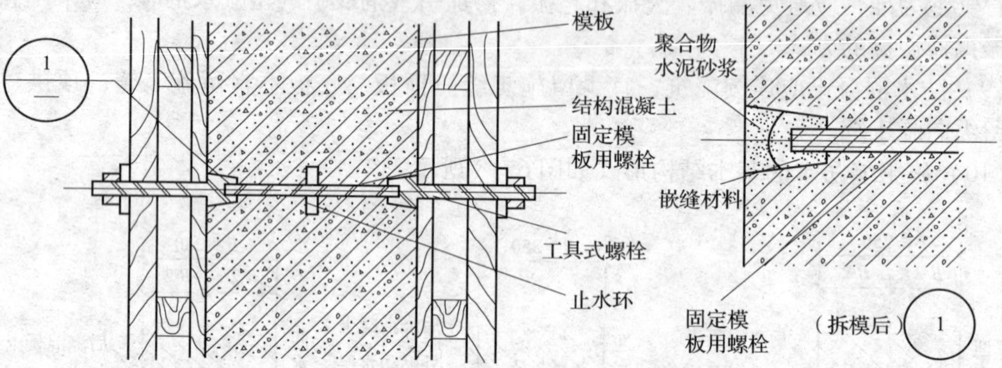

图6—9　固定模板用螺栓的防水做法

（14）防水混凝土终凝后应立即进行养护，养护时间不得少于14天。

（15）防水混凝土的冬期施工，应符合下列规定：

1）混凝土入模温度不应低于5℃。

2）宜采用综合蓄热法、蓄热法、暖棚法等养护方法，并应保持混凝土表面湿润，防止混凝土早期脱水。

3）采用掺化学外加剂方法施工时，应采取保温保湿措施。

（16）防水混凝土浇筑后严禁打洞，所有预埋件、预留孔都应事先埋设准确。

（17）防水混凝土工程的地下结构部分，拆模后应及时回填土，以利于混凝土后期强度的增长及获得预期的抗渗性能。要严格控制回填土的含水率及压实度指标。同时做好基坑周围的散水坡，以防回填土干裂并避免地面水入侵，一般散水坡宽度大于800 mm，横向坡度大于5%。

2. 施工工艺

（1）施工准备

1）编制施工组织设计，选择经济合理的施工方案，健全的技术管理系统，制定技术措施，落实技术岗位责任制，做好技术交底，以及质量检验和评定的准备工作。

2）进行原材料检验，各种原材料必须符合规定标准；备足材料，并妥善保管，按品种、规格分别堆放，注意防止骨料中掺混泥土等污物。

3）将需用的工具、机械、设备配备齐全，并经检修试验后备用。

4）进行防水混凝土的试配工作，在此基础上选定施工配合比。

5）做好基坑排水和降低地下水位的工作，要防止地面水流入基坑，要保持地下水位在施工底面最低标高以下不小于30 cm，以避免在带水或带泥浆的情况下施工。

（2）模板

1）模板应平整，且拼缝严密不漏浆，并应有足够的刚度、强度，吸水性要小，以钢模、木模为宜。

2）模板构造应牢固稳定，可承受混凝土拌和物的侧压力和施工荷载，且应装拆方便。

3）固定模板的螺栓（或铁丝）不宜穿过防水混凝土结构，以避免水沿缝隙渗入。

4）当必须采用对拉螺栓固定模板时，应在预埋套管或螺栓上加焊止水环。止水环直径应符合设计规定。若设计无规定，止水环直径一般为 8 ~ 10 cm，且至少一环。

采用对拉螺栓固定模板的方法如下：

①螺栓加焊止水环做法。在对拉螺栓中部加焊止水环，止水环与螺栓必须满焊严密，拆模后应沿混凝土结构边缘将螺栓割断，如图 6—10 所示。

②预埋套管加焊止水环做法（见图 6—11）。套管采用钢管，其长度等于墙厚（或其长度加上两端垫木的厚度之和等于墙厚），兼具撑头作用，以保持模板之间的设计尺寸。止水环在套管上满焊严密。支模时在预埋套管中穿入对拉螺栓拉紧固定模板。拆模后将螺栓抽出，套管内以膨胀水泥砂浆封堵密实。套管两端有垫木的，拆模时连同垫木一并拆除，除密实封堵套管外，还应将两端垫木留下的凹坑用同样的方法封实。此法可用于抗渗要求一般的结构。

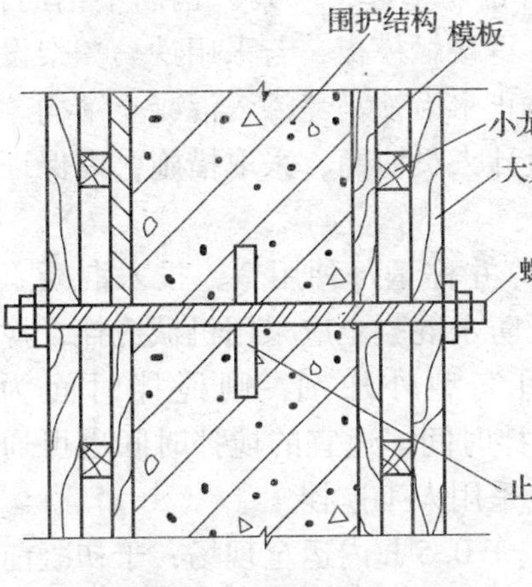

图 6—10　螺栓加焊止水环

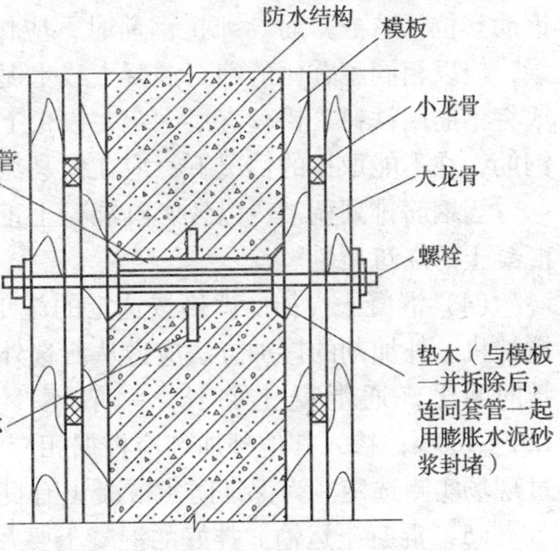

图 6—11　预埋套管加焊止水环

③止水环撑头做法（见图 6—12）。这种做法不但能保证结构厚度，还能延长渗水路线，增加对渗透水的阻力，适用于抗渗要求较高的结构。止水环与螺栓应满焊严密，两端止水环与两侧模板之间应加垫木，拆模后除去垫木，沿止水环平面将螺栓割掉，凹坑以膨胀水泥砂浆封堵。

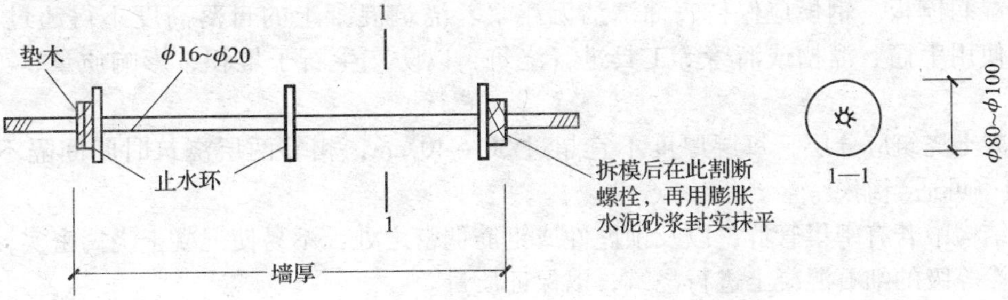

图 6—12　止水环撑头做法

④螺栓加堵头做法。在结构两边螺栓周围做凹槽，拆模后将螺栓沿平凹底割去，再用膨胀水泥砂浆封堵凹槽，如图 6—13 所示。

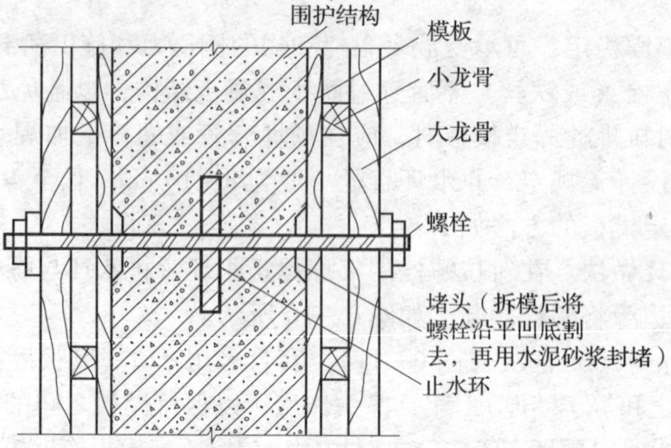

图 6—13　螺栓加堵头做法

（3）钢筋。钢筋相互间应绑扎牢固，以防浇捣混凝土时，因碰撞、振动使绑扣松散、钢筋移位，造成露筋。绑扎钢筋时，应按设计规定留足保护层，不得有负误差。留设保护层，应以相同配合比的细石混凝土或水泥砂浆制成垫块，将钢筋垫起，严禁以钢筋垫钢筋，或将钢筋用铁钉、铅丝直接固定在模板上。钢筋及铅丝均不得接触模板，若采用铁马凳架设钢筋，在不能取掉的情况下，应在铁马凳上加焊止水环，防止水沿铁马凳渗入混凝土结构。

当钢筋排列稠密，以致影响混凝土正常浇筑时，可与设计人员协商，采取措施，以保证混凝土的浇筑质量。

（4）混凝土搅拌。严格按选定的施工配合比，准确计算并称量每种用料，投入混凝土搅拌机。外加剂的掺加方法应遵从所选外加剂的使用要求。防水混凝土应采用机械搅拌，搅拌时间比普通混凝土略长，一般不少于 120 s；掺入引气型外加剂，则搅拌时间为 120 ~ 180 s；掺入其他外加剂应根据相应的技术要求确定搅拌时间。适宜的搅拌时间也可通过现场实测选定。为保证防水混凝土有良好的匀质性，不宜采用人工搅拌。

（5）混凝土运输。拌好的混凝土要及时浇筑，常温下应于 0. 5 h 内运至现场，于初凝前浇筑完毕。运送距离较远或气温较高时，可掺入缓凝型减水剂。浇筑前发生显著泌水离析现象时，应加入适量的原水灰比的水泥浆复拌均匀，方可浇筑。

混凝土在运输过程中要防止产生离析现象及坍落度和含气量的损失，同时要防止漏浆。

（6）混凝土浇筑和振捣。浇筑前，应清除模板内的积水、木屑、铅丝、铁钉等杂物，并以水湿润模板。钢模应保持表面清洁无浮浆。浇筑混凝土的自落高度不得超过 1. 5 m，否则应使用串筒、溜槽或溜管等工具进行浇筑，以防产生石子堆积，影响质量，如图 6—14 所示。

混凝土浇筑应分层，每层厚度不宜超过 30 ~ 40 cm，相邻两层浇筑时间间隔不应超过 2 h，夏季可适当缩短。

在结构中若有密集管群，以及预埋件或钢筋稠密之处，不易使混凝土浇捣密实，应改用相同抗渗等级的细石混凝土进行浇筑，以保证质量。

在浇筑大体积结构中，遇有预埋大管径套管或面积较大的金属板时，其下部的倒三角形区域不易浇捣密实而形成空隙，造成漏水，为此，可在管底或金属板上预先留置浇筑振捣孔，以利浇捣和排气，浇筑后，再将孔补焊严密。

防水混凝土应采用机械振捣，不应采用人工振捣。机械振捣能产生振幅不大、频率较高的振动，使骨料间的摩擦力、黏附力降低，水泥砂浆的流动性增加，由于振动而分散开的粗骨料在沉降过程中，被水泥砂浆充分包裹，形成具有一定数量和质量的砂浆包裹层，同时挤出混凝土拌和物中的气泡，以增强密实性和抗渗性，如图 6—15 所示。

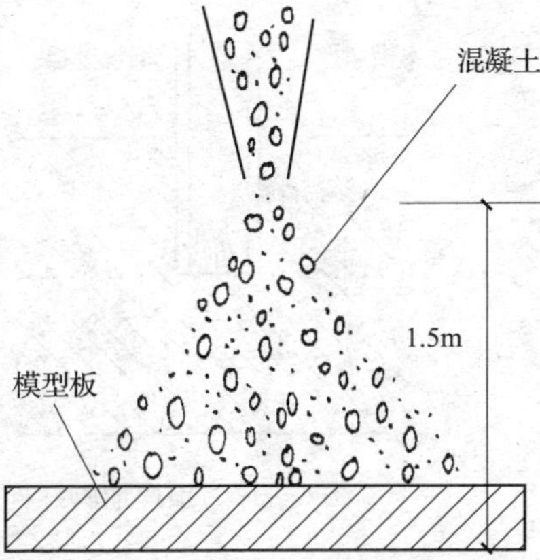

图 6—14　混凝土浇筑

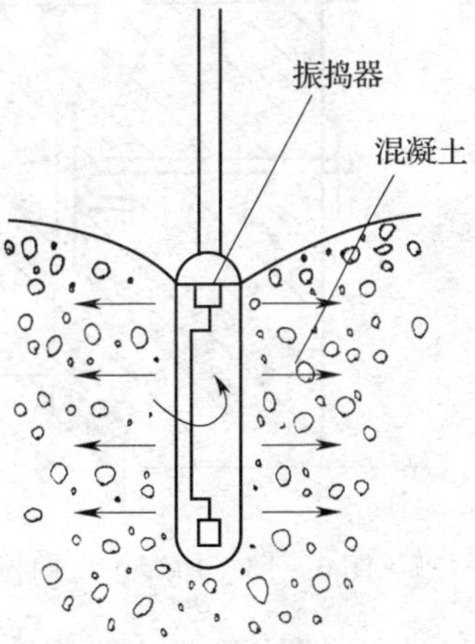

图 6—15　混凝土振捣

（7）混凝土的养护。防水混凝土的养护对其抗渗性能影响极大，特别是早期湿润养护更为重要，一般在混凝土进入终凝（浇筑后 4 ~ 6 h）即应覆盖，浇水湿润养护不少于 14 天。因为在湿润条件下，混凝土内部水分蒸发缓慢，不致形成早期失水，有利于水泥水化，特别是浇筑后的前 14 天，水泥硬化速度快，强度增长几乎可达 28 天标准强度的 80%，由于水泥充分水化，其生成物将毛细孔堵塞，切断毛细通路，并使水泥石结晶致密，混凝土强度和抗渗性均能很快提高；14 天以后，水泥水化速度逐渐变慢，强度增长亦趋缓慢，虽然继续养护依然有益，但对质量的影响不如早期大，所以应注意前 14 天的养护。

（8）拆模板。由于对防水混凝土的养护要求较严，因此不宜过早拆模。拆模时防水混凝土的强度必须超过设计强度等级的 70%，混凝土表面温度与环境温度之差，不得超过 15℃，以防混凝土表面产生裂缝。拆模时应注意勿使模板和防水混凝土结构受损。

（9）防水混凝土结构的保护。地下工程的结构部分拆模后，应抓紧进行下一分项工程的施工，以便及时对基坑回填，这样可以避免因干缩和温差引起开裂，并有利于混凝土后期强度的增长和抗渗性的提高，同时也可以减轻壅水对工程的危害，起一道阻水线的作用。回填土应分层夯实，并严格按照施工规范的要求操作，控制回填土的含水率及干密度等指标。同时应做好建筑物周围的散水坡，以保护基坑回填土不受地面水入侵。

（10）特殊部位的细部做法。防水混凝土结构内的预埋铁件、穿墙管道，以及结构的变形缝部位，均为可能导致渗漏水的薄弱之处，应采取措施，仔细施工。特殊部位的一些细部做法介绍如下：

1）预埋铁件的防水做法。加焊止水钢板做法（见图 6—16）既简便又有效。在预埋铁件较多较密的情况下，可采用许多预埋件共用一块止水钢板的做法。施工时应注意将铁件及止水钢板周围的混凝土浇捣密实、保证质量。

预埋地脚螺栓孔（见图 6—17）的钢管模板在混凝土初凝后应及时拔出并应保持周围平整。

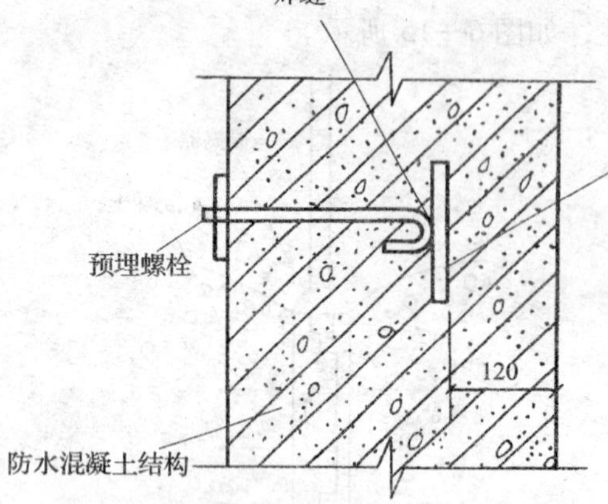

图 6—16 加焊止水钢板做法

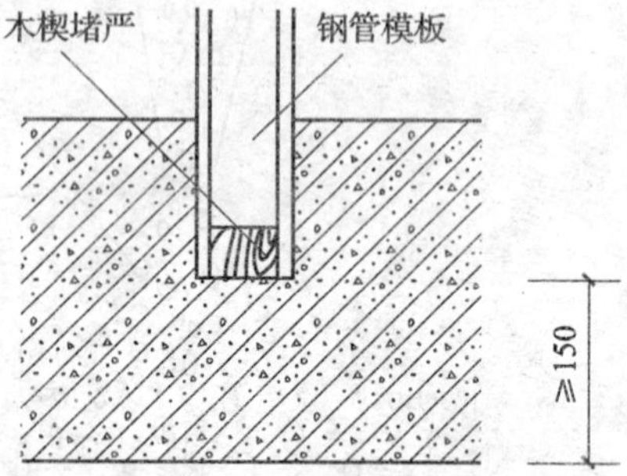

图 6—17 预埋地脚螺栓孔

预埋钢板和螺栓预埋件处的最小抗渗厚度应不小于 150 mm，如图 6—18 所示。

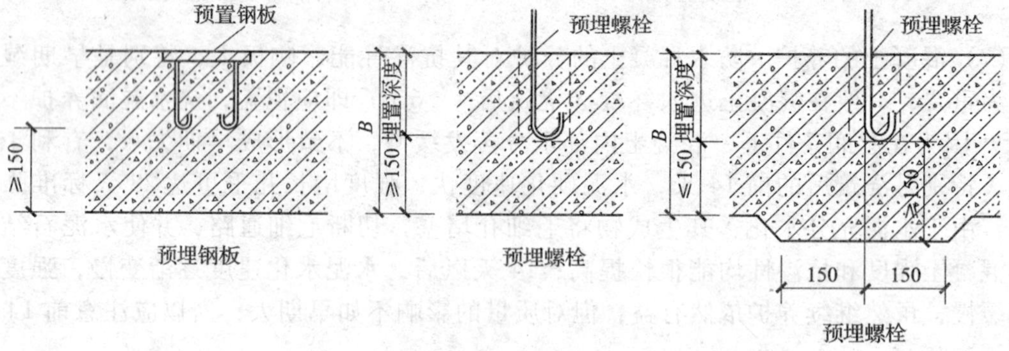

图 6—18 预埋钢板和螺栓

2）埋入止水带变形缝。橡胶（或塑料）止水带适用于水压及变形量较大而结构厚度大于 300 mm 的变形缝。止水带的接槎不得甩在转角处，且应留在较高部位，如图 6—19 所示。

还有一种金属止水带，适用于环境温度高于 50℃，结构厚度大于 300 mm 的变形缝。金属止水带可选用厚 2 mm 的纯铜板或厚 3 mm 的不锈钢板制成，如图 6—20 所示。

3）穿墙管防水施工。应符合下列规定：金属止水环应与主管满焊密实，并做防腐处理，采用套管式穿墙防水构造时，翼环与套管应满焊密实，并在施工前将套管内表面清理干净；管与管的间距应大于 30 mm；遇水膨胀止水圈穿墙管，管径宜小于 50 mm，胶圈应用黏结剂满粘固定于管上，并应涂缓胀剂。

穿墙管线较多时，宜相对集中，采用穿墙盒的方法。穿墙盒的封口钢板应与墙上的预埋角钢焊严，并从钢板上的预留浇筑孔注入改性豆石混凝土、聚合物水泥砂浆或改性沥青等密

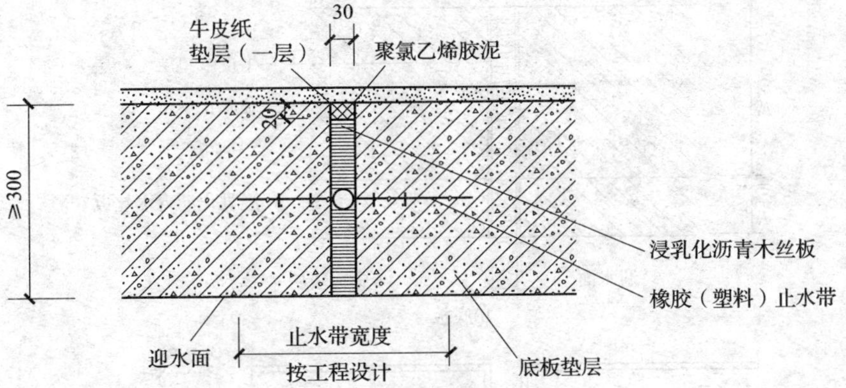

a)立墙、顶板

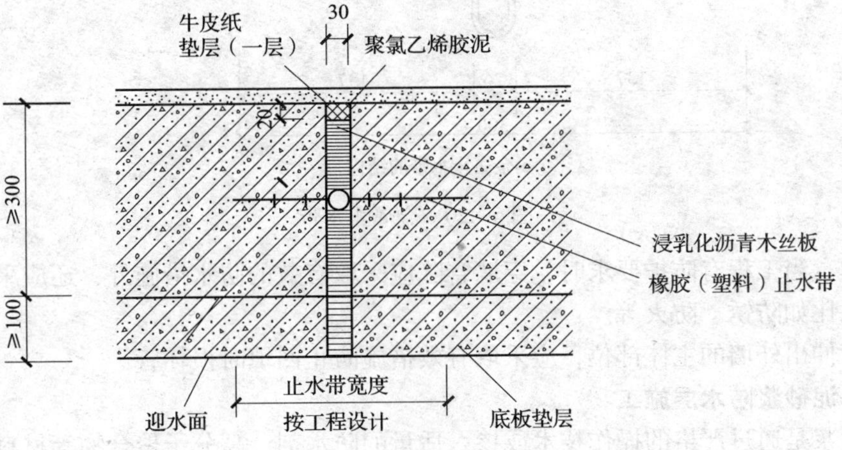

b)底板

图 6—19　橡胶（塑料）止水带

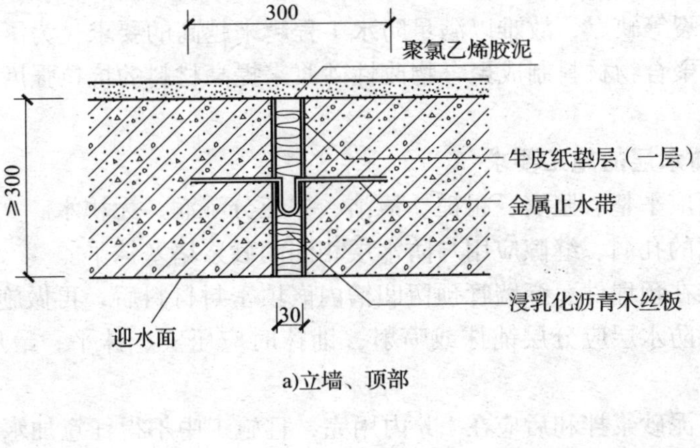

a)立墙、顶部

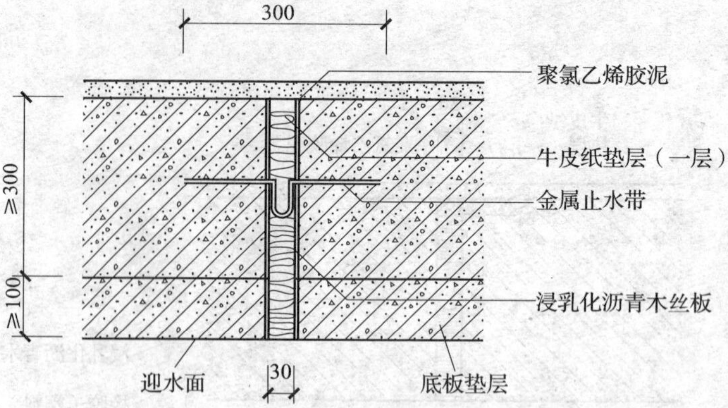

b)底板

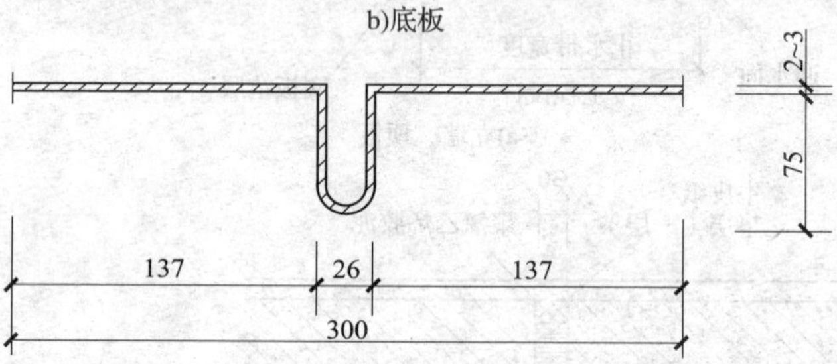

c)金属止水带的结构

图 6—20　金属止水带

封材料处理。当工程有防护要求时，穿墙管除应采取有效的防水措施外，还应采取措施满足防护要求，比如防锈、防火等。

穿墙管伸出外墙的主体部位，应采取有效措施防止回填时损坏管。

二、水泥砂浆防水层施工

防水砂浆是通过严格的操作技术或掺入适量的防水剂、高分子聚合物等材料，以提高砂浆的密实性，达到抗渗防水目的的一种重要的刚性防水材料。水泥砂浆防水层一般又称为刚性防水层。

防水砂浆的防水性能与卷材、金属、混凝土等几种其他防水材料相比，虽具有防水功能和施工操作简便、造价便宜、容易修补等优点，但由于其韧性差、较脆、极限抗拉强度低和易随基层开裂而开裂等缺点，故难以满足防水工程越来越高的要求。为了克服这些缺点，近年来，利用高分子聚合物材料制成聚合物改性砂浆来提高材料的抗拉强度和韧性，成为一个重要的途径。

1. 水泥砂浆防水层的施工要求

（1）基层表面应平整、坚实、粗糙、清洁，并充分湿润、无积水。

（2）基层表面的孔洞、缝隙应用与防水层相同的砂浆堵塞抹平。

（3）施工前应在预埋件、穿墙管预留凹槽内嵌填密封材料后，再做施工防水砂浆层。

（4）水泥砂浆防水层应分层铺抹或喷射，铺抹时应压实、抹平，最后一层表面应提浆压光。

（5）聚合物水泥砂浆拌和后应在 1 h 内用完，且施工中不得任意加水。水泥砂浆防水层各层应紧密贴合，每层宜连续施工；如必须留茬时，采用阶梯坡形茬，但离阴阳角处不得小于 200 mm；接茬应依层次顺序操作，层层搭接紧密。

（6）水泥砂浆防水层不宜在雨天及 5 级以上大风中施工。冬季施工时，气温不应低于 5℃，且基层表面温度应保持在 0℃以上。夏季施工时，不应在 35℃以上或烈日照射下施工。

（7）普通水泥砂浆防水层终凝后，应及时进行养护，养护温度不宜低于 5℃，养护时间不得少于 14 天，养护期间应保持湿润。聚合物水泥砂浆防水层未达到硬化状态时，不得浇水养护或直接受雨水冲刷，硬化后应采用干湿交替的养护方法。在潮湿环境中，可在自然条件下养护。

（8）水泥砂浆防水层细部构造防水选材应遵循设计规定，一般而言，掺相当于水泥重量 3% ~5% 的防水剂无机盐类水泥砂浆防水层，其抗渗能力较低，在 0.4 MPa 以下，故仅适用于水压较低的工程，或仅作为辅助防水层；刚性抹面多层做法防水层可用于不固定结构不均匀沉降、温度变化及其振动等因素而产生有害裂缝的防水工程。

（9）抹面层出现渗漏水现象，应找准渗漏水部位，做好堵漏工作后，再进行抹面施工。

（10）当需要在地下水位以下施工时，地下水位应下降到工程施工部位以下，并保持至施工完毕。

2. 水泥砂浆防水层基层处理

为保证防水层黏结牢固、不产生空鼓和透水现象，基层处理十分重要。基层处理一般包括清理、浇水、补平等工作。其处理顺序是先将基层油污、残渣清理干净，再将表面浇水湿润，最后用砂浆等将凹处补平，使基层表面达到清洁平整、潮湿、坚实粗糙。

（1）混凝土和钢筋混凝土基层处理。混凝土和钢筋混凝土基层，模板拆除后应立即将表面清扫干净，并用钢丝刷将混凝土表面打毛。混凝土表面有凹凸不平处时，可按以下方法处理。

1）当凹凸不平深度小于 10 mm 时，用凿子打平或剔成斜坡，表面凿毛。

2）当凹凸不平深度大于 10 mm 时，先剔成斜坡，用钢丝刷清扫干净，浇水湿润，再抹 2 mm 厚的素灰，10 mm 厚的水泥砂浆，抹完后将砂浆表面打毛。当深度较深时，待水泥砂浆凝固后，再抹素灰和水泥砂浆各一道，直至与基层表面平直。

3）混凝土表面的蜂窝、孔洞、麻面，需先用凿子将松散不牢的石子剔掉，用钢丝刷清理干净，浇水湿润，再用素灰和水泥砂浆交替抹压，直至与基层平直，最后将表面横向扫毛。

（2）砖砌体基层处理。需将砖墙面残留的灰浆和污物清理干净，使基层和防水层紧密结合。

1）对于用石灰砂浆和混合砂浆砌筑的新砌体，需将砌体灰缝剔成 10 mm 深的直角（见图 6—21），以增强防水层和砌体的黏结力。对于用水泥砂浆砌筑的砌体，灰缝不需要剔除，但已勾缝的，需将勾缝砂浆剔除。

2）对于旧砌体，用钢丝刷或剁斧将酥松表皮和残渣清理干净，直至露出坚硬砖面，并浇水冲洗。毛石或料石砌体基层处理与混凝土和砖砌体基本相同。基层处理完毕，必须浇水湿润，夏天应增加浇水次

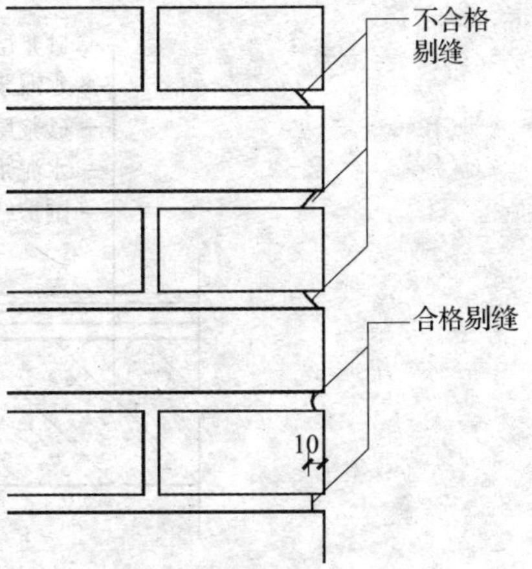

图 6—21　砖墙基层处理

数，使防水层和基层结合牢固。若浇水不足，防水层抹灰内的水分被墙体吸收，防水砂浆内的水泥水化不能正常进行，会影响防水砂浆的强度和抗渗性。

3. 刚性多层抹面水泥砂浆防水层的施工

防水层的施工顺序一般是先顶板，再墙板，后地面。当工程量较大需分段施工时，应由里向外按上述顺序进行。

（1）混凝土顶板与墙面防水层的施工方法

1）各层次的施工要求

①第一层。素灰层，厚 2 mm。先抹一道 1 mm 厚的素灰层，用铁抹子往返用力抹压，使素灰填实混凝土基层表面的孔隙。随即再抹 1 mm 厚的素灰均匀找平，并用毛刷在素灰层表面按顺序轻轻涂刷一遍，以便打乱毛细孔通路，从而形成一层坚实不透水的水泥结晶层。

②第二层。水泥砂浆层，厚 4 ~ 5 mm。在素灰层初凝时抹第二层水泥砂浆层，要防止素灰层过软或过硬，要使砂粒能压入素灰层厚度的 1/4 左右，抹完后，在水泥砂浆初凝时用扫帚按顺序向一个方向扫出横向条纹。

③第三层。素灰层，厚 2 mm。在第二层水泥砂浆凝固并具有一定强度（常温下间隔一昼夜）后，适当浇水湿润，方可进行第三层操作，其方法同第一层。

④第四层。水泥砂浆层，厚 2 mm。按照第二层做法抹水泥砂浆。在水泥砂浆硬化过程中，用铁抹子抹压 5 ~ 6 遍，以增加密实性，最后再压光。

⑤第五层。水泥浆层，厚 1 mm。在第四层水泥砂浆抹压两遍后，用毛刷均匀涂刷水泥浆一道，随第四层抹实压光。

水泥砂浆防水层各层应紧密结合，连续施工不留施工缝，如确因施工困难需留施工缝时，施工缝的留槎应符合下列规定：平面留槎采用阶梯坡形槎，接槎要依层次顺序操作，层层搭接紧密。接槎位置一般应留在地面上，亦可留在墙面上，但需距离阴阳角处 200 mm 以上（见图 6—22）。在接槎部位继续施工时，需在阶梯形槎面上均匀涂刷水泥浆或抹素灰一道，使接头密实不漏水。基础面与墙面防水层转角留槎，先做下部水平防水留槎，再做地下室外墙施工，最后做外墙防水。水平防水与竖直防水错缝搭接如图 6—23 所示。

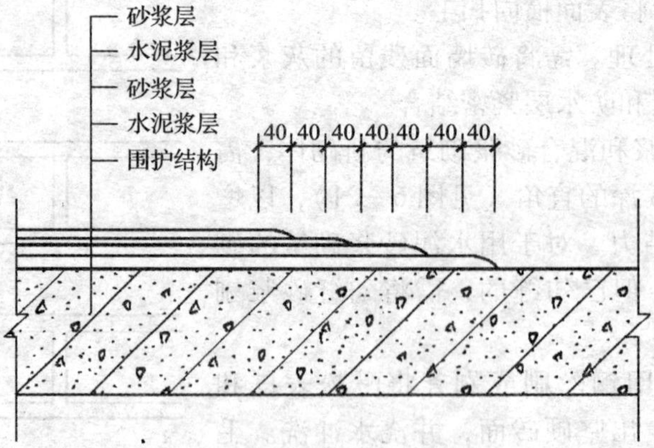

图 6—22　平面留槎示意图

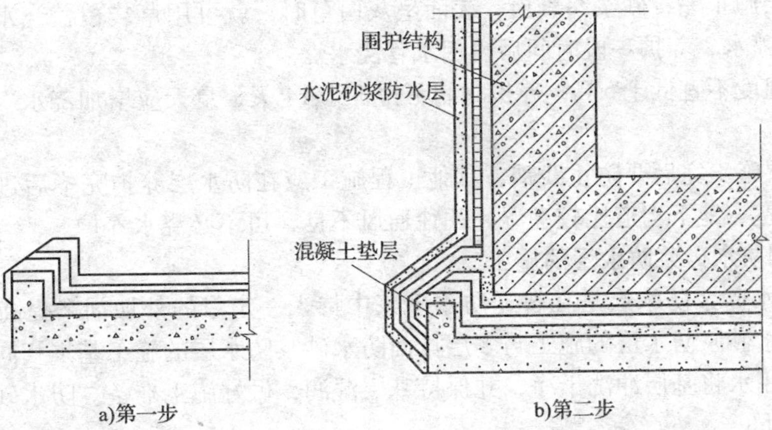

图 6—23　水平防水与竖直防水错缝搭接

2）防水层施工操作要点

①素灰抹面。素灰抹面要薄而均匀，不宜太厚，太厚宜形成堆积，反而黏结不牢，容易脱落、起壳。素灰在桶中应经常搅拌，以免产生分层离析和初凝。抹面不要干撒水泥粉，否则容易造成厚薄不匀，影响黏结。

②水泥砂浆揉浆。揉浆的作用主要是使水泥砂浆和素灰紧密结合。揉浆时首先薄抹一层水泥砂浆，然后用铁抹子用力揉压，使水泥砂浆渗入素灰层（但注意不能压透素灰层）。揉压不够会影响两层的黏结。揉压时严禁加水，否则容易开裂。

③水泥砂浆收压。水泥砂浆初凝前，待收水 70%（用手指按上去，砂浆不粘手，有少许水印）时，可进行收压工作。收压是用铁抹子平光压实，一般做两遍。第一遍收压表面要粗毛，第二遍收压表面要细毛，使砂浆密实、强度高、不易起砂。收压一定要在砂浆初凝前完成，避免在砂浆凝固后再反复抹压，否则容易破坏表面水泥结晶和扰动底层而起壳。

（2）砖墙面防水层施工。除第一层外，其他各层操作方法与混凝土墙面操作相同。首先将墙面浇水湿润，然后在墙面上涂刷水泥浆一道，厚度约为 1 mm，涂刷时沿水平方向往返涂刷 5 ~ 6 遍。涂刷要均匀，灰缝处不得遗漏。涂刷后，趁水泥浆呈浆糊状时即抹第二层防水层。

（3）混凝土地面防水层施工。混凝土地面防水层施工与顶板和墙面不同，素灰层（第一层、第三层）不用刮抹的方法，而是将搅拌好的素灰倒在地面上，用马连根刷往返用力涂刷均匀。第二层和第四层是在素灰初凝前后，将拌好的水泥砂浆均匀铺在素灰层上，按顶板和墙面操作要求抹压，各层厚度也与顶板和墙面防水层相同。施工时应由里向外，尽量避免施工时踩踏防水层。

在防水层表面需做瓷砖或水磨石地面时，可在第四层压光 3 ~ 4 遍后，用毛刷将表面扫毛，凝固后再进行装饰面层施工。

刚性多层抹面水泥砂浆施工时，应注意素灰与砂浆层应在同一天内完成，即防水层的前两层基本上连续操作，后两层（或者后三层）连续操作，切勿抹完素浆后放置时间过长或次日再抹水泥砂浆，否则会出现粘接不牢或空鼓等现象，从而影响防水层的质量。

（4）水泥砂浆防水层的养护。水泥砂浆防水层凝结后，应及时用草袋覆盖进行浅水养护。

1）防水层施工完，砂浆终凝后，表面呈灰白色时，就可用草袋覆盖浇水养护。养护时先用喷壶慢慢喷水，养护一段时间后再用水管浇水。

2）养护温度不宜低于5℃，养护时间不得少于14天，夏天应增加浇水次数，但避免在中午浇水。

3）防水层施工完后要防止践踏，其他工程施工应在防水层养护完毕后进行，以免破坏防水层。地下室、地下沟道比较潮湿，往往通风不良，可不必浇水养护。

4. 外加剂防水砂浆防水层的施工

外加剂防水砂浆防水层是在普通防水砂浆中掺入一定量的外加剂来提高砂浆的抗渗能力。外加剂防水砂浆防水层的施工与多层抹面防水砂浆防水层的施工基本相同，首先将基层处理干净，并用水将基层冲洗干净，并保持基层湿润，做好施工准备。防水砂浆防水层的施工注意事项如下：

（1）基层表面应平整、坚实、粗糙、清洁并充分湿润，无积水现象。

（2）制作水泥砂浆防水层时，气温不应低于5℃，且基层表面温度应保持在0℃以上。掺氯化物金属盐类防水剂及膨胀剂的防水砂浆，不应在35℃以上或烈日照射下施工。低温施工时应采取保温防冻措施。

（3）防水砂浆干缩性大，夏季施工时最好在傍晚天气较凉时，以免水分蒸发太快，表面出现裂纹。

（4）水泥砂浆防水层凝结后，应及时养护，特别是早期养护。防水砂浆施工后8～12 h，墙面防水层应用喷雾器少量洒水养护，地面防水层应用湿草袋覆盖养护，夏季养护时间可适当提前。养护时温度不宜低于5℃，养护时间不得少于14天，养护期间应保持湿润。

（5）刚性防水层宜在房屋沉陷或结构变形基本稳定后施工，以免产生裂缝，引起渗漏。为增强抵抗裂缝的能力，可在防水层内增加金属网加固。

（6）在严寒、干旱、气候变化较大的地区，因较难保证施工质量不宜采用大面积刚性防水层防水。

5. 水泥砂浆防水层细部构造防水施工

（1）预埋铁件。穿透防水层的预埋螺栓、角钢等铁件，可沿铁件四周剔成深3 cm、宽2 cm的凹槽（凹槽尺寸也可根据具体预埋铁件的大小尺寸作适当的调整）。在防水层施工前采用水灰比约1:5的素灰将凹槽嵌实，然后再随其他部位一起抹上防水层，如图6—24所示。也可采用对预埋件预先进行防水处理的工艺，即将预埋铁件置于细石混凝土预制块内，在预制块表面做好防水层，在浇筑混凝土时把预制块按预埋位置稳固住，如图6—25所示，或在预留的凹槽内抹上防水层，然后将预埋铁件用水泥砂浆稳固于凹槽内。

（2）预埋木砖。先在预埋木砖的位置预留凹槽，槽内随墙或地面一起做好防水层，然后再用水泥砂浆把木砖稳固在凹槽内，也可先将木砖置于细石混凝土预制块内，然后在预制块表面做好防水层，将预制块随墙体的砌筑或浇筑混凝土时放置在设计的位置上，如图6—26所示。

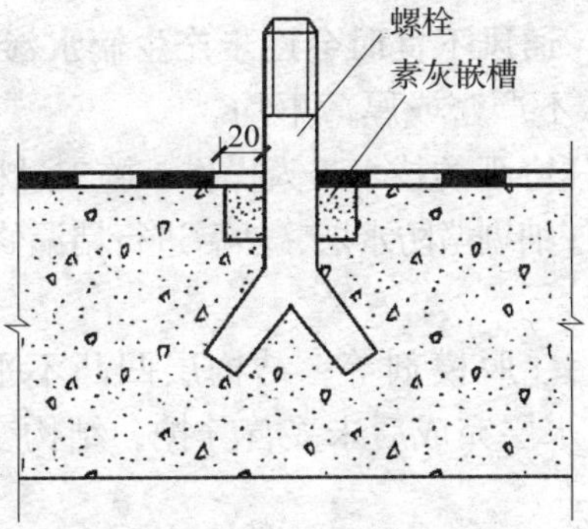

图 6—24　预埋铁件的埋设

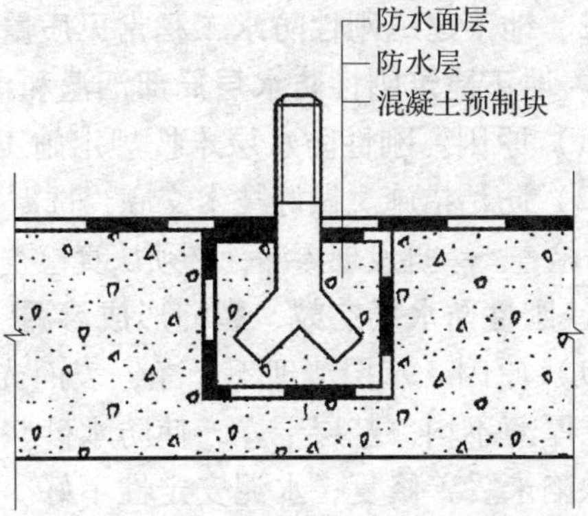

图 6—25　用预制块稳固预埋铁件

（3）预埋管道。穿过防水层的一般管道，可按预埋铁件的做法处理，如图 6—27 所示。对于穿透内墙的供热管道，可在穿管位置上留一个比管径大 10 cm 的圆孔，圆孔内做好防水层，待管道安装后，将空隙处用麻刀灰或石棉水泥嵌填，如图 6—28 所示，当供热管道穿透外墙而又没有地下沟道时，为了适应供热管道的伸缩变形和保证不渗漏水，可采用橡胶止水套的方法处理，如图 6—29 所示。

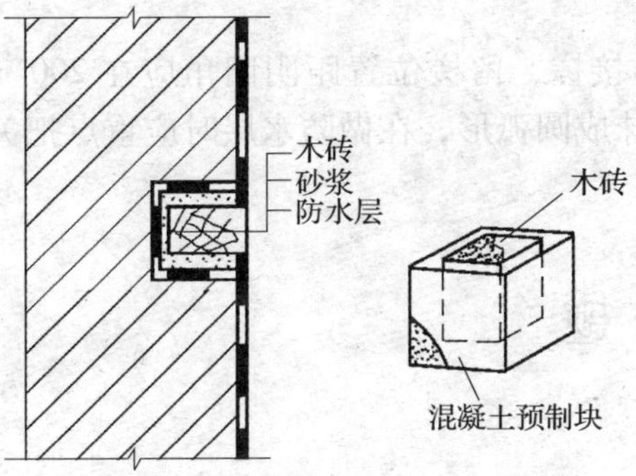

图 6—26　木砖的稳固方法

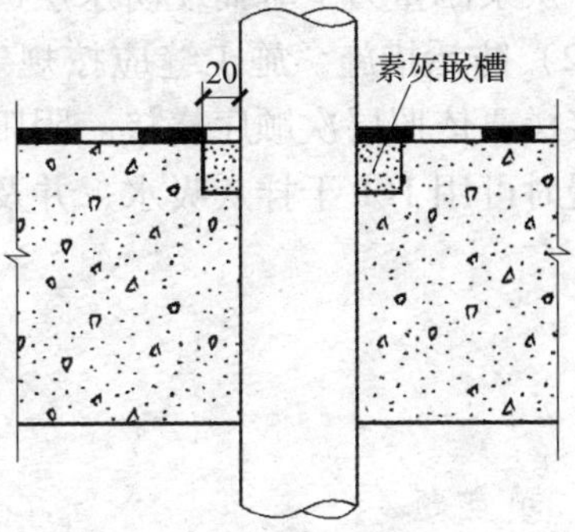

图 6—27　预埋管道的处理

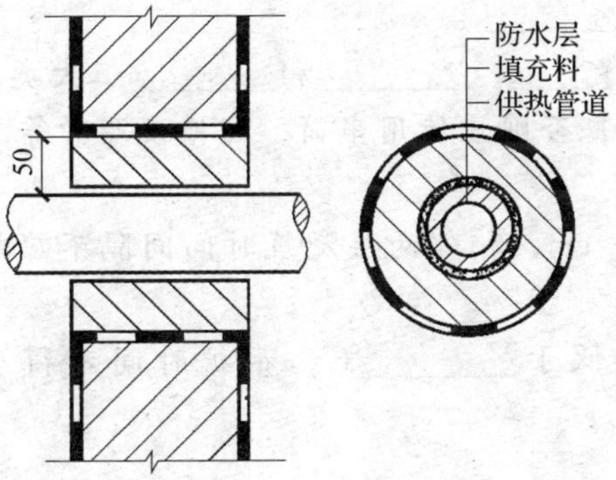

图 6—28　穿透内墙的供热管道的防水做法

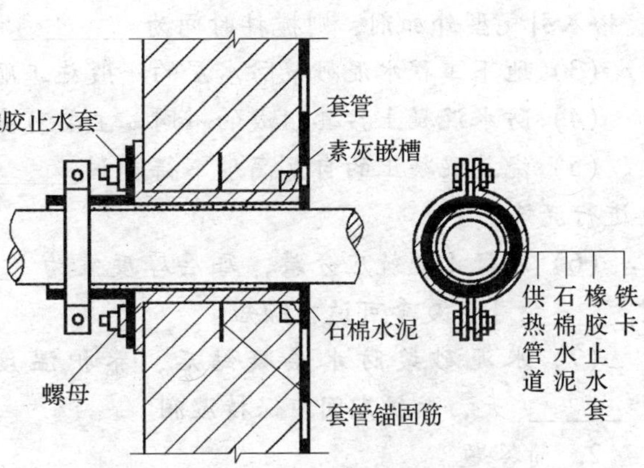

图 6—29　供热管道穿透外墙的处理

三、地下建筑刚性防水工程常见质量缺陷的原因与防治措施

1. 地下建筑刚性防水层局部洇湿和渗漏，有湿斑，通风不良时会逐步产生滴水渗漏

（1）原因。刚性防水层未按规定施工，素灰层涂抹不严密或厚薄不均。

（2）防治措施。做好技术交底，选派技术熟练、责任心强的技术工人操作，施工过程中加强监督检查。一旦发现渗漏，必须认真检查确定渗漏点，仔细剔凿防水层，然后进行堵漏修补。

2. 刚性防水层空鼓、裂缝形成渗漏

（1）原因。基层清理不干净，表面光滑或粘有油污、脱模剂等；结构层凹凸不平，使防水层厚薄不均；基层干燥，使防水砂浆早期脱水；防水层完成后未妥善养护；结构变形或结构缺陷未妥善修复；水泥安定性不好。

（2）防治措施。防水层所用的材料应经检验，必须符合相关标准；结构层缺陷应妥善修复，局部凹凸不平处应提前抹平。基层应充分清洁、润湿，过分光滑处应经凿毛处理或涂混凝土界面处理剂；防水层完成后要认真养护。对于局部缺陷，认真剔凿后修补，面积较大时只能返工重做。

3. 施工缝及阴阳角处渗漏

（1）原因。施工缝留槎混乱，层次不清，使用素灰层时不连续，接槎处不严密，产生干缩裂缝；阴阳角处未按要求做成圆弧形，素灰层在交角处出现空白点，阴阳角处水分挥发较慢，灰浆因重力下垂而使防水层产生裂缝。

（2）防治措施。施工缝应按规定预留阶梯形接槎，留槎位置距阴阳角应在 200 mm 以上，接槎要依照层次顺序挠接。阴阳角必须预先抹成圆弧形，在做防水层时应重点把关，收水太慢时可用 1:1 干拌灰吸水，并及时收压密实。

练　习　题

1. 填空题

（1）防水混凝土终凝后应立即进行养护，养护时间不得少于________天。

（2）防水混凝土应采用机械搅拌，搅拌时间比普通混凝土略长，一般不少于________s；掺入引气型外加剂，则搅拌时间为________s。

（3）地下工程水泥砂浆防水层的一般施工顺序是________。

（4）防水混凝土按其组成的不同，主要可分为________、________和________三大类。

（5）浇筑混凝土的自落高度不得超过________m，否则应使用串筒、溜槽或溜管等工具进行浇筑。

（6）混凝土浇筑应分层，每层厚度宜为________cm，相邻两层浇筑时间间隔不应超过________h，夏季可适当缩短。

（7）水泥砂浆防水层凝结后，养护温度不宜低于________℃，养护时间不得少于________天，养护期间应保持湿润。

2. 简答题

（1）大体积防水混凝土施工应采取哪些措施？

（2）水泥砂浆防水层有哪些施工要求？

第七单元　建筑外墙防水

知识技能要求

1. 掌握墙体接缝密封防水施工。

2. 掌握外墙复合防水施工。

建筑外墙、外门窗、阳台和雨篷长期暴露在外，承受着风雨的侵蚀，再加上昼夜的温差及冬夏的温差，特别是烈日下暴雨带来的短时温度的急剧变化，会使建筑物产生裂缝，形成雨水的通道，所以建筑外墙也需要防水。

一、墙体接缝密封防水施工

全现浇结构体系、GRC外墙板、高强度混凝土岩棉复合外墙板、金属墙板及块体砌筑外墙，其本身不具备防水构造，其防水可借助接缝密封材料，使墙板和块体之间连接成整体，实现墙体的气密、水密和防水保温作用。

1. 基本施工工艺

施工准备→接缝与基层处理→嵌填衬垫材料→粘贴防污条→刷打底料→嵌填密封膏→表面修整→揭去防污条→养护。

2. 施工操作要点

(1) 施工前的准备

1) 材料准备。可根据设计要求准备密封材料。常用的有聚氨酯密封膏、丙烯酸密封膏、EVA密封膏及衬垫材料、打底料等。

2) 工具准备。墙体接缝密封防水施工的工具见表7—1。

表7—1　墙体接缝密封防水施工的工具

名称	用途
钢丝刷	清理基层用
小平铲（腻子刀）	清理基层用或混合料配制用
小镏子	用于密封材料表面修整
扫帚	清理基层用
皮老虎或空压机	清理基层用
油漆刷	涂刷打底料
挤压枪	嵌入密封膏
容器（铁桶或塑料桶）	盛溶剂及打底料用
嵌填工具	嵌填衬垫材料用
电动搅拌器	搅拌双组分密封材料用

3）脚手架准备。

（2）接缝与基层处理。外墙板安装的缝隙应符合设计规定，如设计无规定时，宽度一般不应超过 20 mm。缝隙过宽，容易使密封膏下垂，且用量太大；反之，则无法嵌填。缝隙过深，材料用量大；反之，则不易黏结密封。缝隙过大或过小均应进行修整，通过修理达到合理的形状。密封膏施工的基层必须坚实、干燥、平整、无粉尘，如有油污，应用丙酮等清洗剂清洗干净。

（3）嵌填衬垫材料。衬垫材料应选用弹性好的聚乙烯、聚苯乙烯泡沫板，按略大于缝宽的尺寸裁好，也可用聚苯乙烯塑料圆棒或圆管，用嵌填工具或腻子刀塞严，沿板缝全部贯通，不得凹陷或突出。通过嵌填衬垫材料以确定合理的宽厚比，防止密封膏断裂。

（4）粘贴防污条。防污条可采用自粘性胶带或采用墙地砖黏结胶，将牛皮纸条贴在板缝两侧，用密封膏修整后再揭除，以防止刷打底料及嵌填密封膏时污染墙面，并使密封膏接缝边沿整齐美观，如图 7—1 所示。

嵌入（错误）　　对齐（正确）　　移出（错误）

图 7—1　粘贴防污条示意图

（5）基层处理剂的涂刷。涂刷基层处理剂的目的在于提高密封膏与基层的黏结能力，并可防止混凝土或砂浆中碱性成分的渗出。基层处理剂一般采用密封膏和稀释剂调兑而成。依据密封膏的不同，基层处理剂的配制也不同。丙烯酸类可用清水将膏体稀释；氯磺化聚乙烯用二甲苯将膏体稀释；丁基橡胶类用 120 号汽油将膏体稀释；聚氨酯类可用二甲苯稀释。另外，将稀释好的基层处理剂用油漆刷沿接缝部位涂刷一遍，要均匀、盖底、不漏刷、不留坠、不污染墙面。

（6）嵌填密封膏。密封膏施工有挤入法和压入法两种。当采用双组分密封膏时，必须按配合比称料混合，经搅拌均匀后装入塑料小桶内，随用随配，防止浪费。当采用挤入法施工时，将密封膏放入挤压枪内，根据板缝宽度将筒口剪成斜口，施工时将斜口接近嵌填部位底部，并要有一定的倾斜角度，扣动扳机，膏体注入板缝内，使膏体从底部充满整个板缝。在交错部位，按图 7—2 所示方法嵌填，注意不要混入气泡。

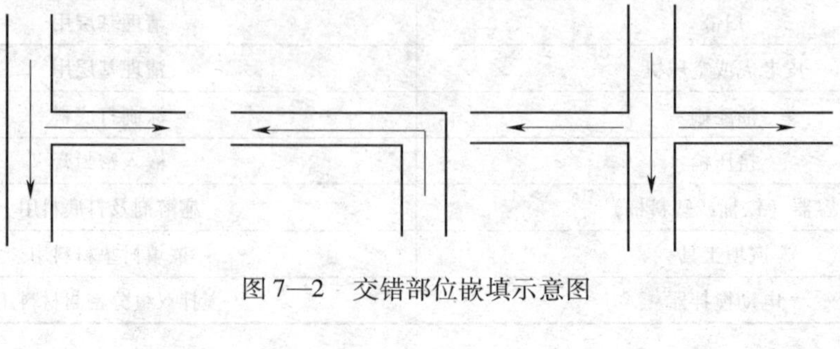

图 7—2　交错部位嵌填示意图

当接缝尺寸过大或底部为圆形截面时，宜采取二次嵌填。注意应先待嵌填的密封材料固化后，再进行第二次嵌填。压入法是将防水密封材料事先轧成片状，然后用腻子刀或小木条等将其压入板缝中。这种方法可以节约筒装密封材料的包装费及挤压枪损耗费，降低成本，提高工效。

（7）表面修整。一条板缝嵌好后，立即用特制的小镏子将密封膏表面压成半圆形，并仔细检查所嵌部位，将其全部压实、镏平。

（8）揭去防污条。密封膏施工完成后，应经过 7 ~ 14 天的自然养护，在此期间要防止触碰及污染。

（9）淋水试验合格。

二、外墙复合防水施工

建筑外墙在构造防水基础上，在板缝外表面或外墙外表面再涂刷 1 ~ 2 遍防水涂料或防水剂，使其既具有防水层防水作用，又具有结构防水作用。建筑外墙防水涂料（防水剂）的种类很多，可选用反应型或水乳型有机涂料，也可选用聚合物水泥防水涂料。建筑外墙防水涂料多数已经商品化，无须自行配制，且附有使用说明。

1. 基本操作工序

清理基层→刷第一遍防水涂料→刷第二遍防水涂料→养护→淋水试验。

2. 施工操作要点

（1）清理基层。将基层用钢丝刷刷干净，再用毛刷（油漆刷）除去浮土。基层要求平整、干燥、无松动、无浮土、无污物。不符合要求的应修整，有裂缝的基层应先处理裂缝，根据缝隙分别用防水涂料或密封材料填缝。

（2）刷两遍防水涂料。在清理干净的基层上刷第一遍防水涂料，要求涂刷均匀、不漏刷、不流淌。厚度根据材料要求决定，宽度要求在缝两侧加宽各 10 mm。第一遍防水涂料实干后，再涂刷第二遍防水涂料。

（3）养护。一般养护 2 ~ 3 天。

（4）淋水试验合格。

练 习 题

1. 填空题

（1）外墙板安装的缝隙应符合设计规定，如设计无规定时，宽度一般不应超过________ mm。

（2）密封膏施工有________和________两种。

2. 简答题

（1）简述墙体接缝密封防水施工的工艺过程。

（2）简述外墙复合防水施工基层处理的内容。

练习题参考答案

第一单元

模块一

1. 填空题

(1) 材料防水　构造防水

(2) 柔性防水　刚性防水

(3) 4

(4) 10

(5) "防、排、截、堵、刚柔结合、嵌涂合一、因地制宜、综合治理"和"多道设防、复合用材"

(6) 5

2. 简答题

答:(1) 熬制沥青优先选用节能消烟沥青锅。

(2) 所有溶剂及挥发性的防水材料，必须用密封容器包装。

(3) 废弃的防水材料要集中处理，及时清运出场，施工严禁烟火。

(4) 除设有符合规定的装置外，禁止在施工现场焚烧油毡、橡胶、皮革、树叶、枯草等以及其他会产生有毒、有害烟尘和恶臭气体的物质。

第二单元

模块一

1. 填空题

(1) 防水卷材　防水涂料　防水密封材料　刚性防水和堵漏材料

(2) 合成高分子防水卷材　高聚物改性沥青防水卷材　沥青防水卷材

(3) 热施工法　冷施工法

2. 简答题

(1) 答:

1) 耐水性。指在水的作用和被水浸润后，其性能基本不变，在一定压力及水的作用下，具有不透水性的性能。

2) 温度稳定性。指在高温下不流淌、不起泡、不滑动，在低温下不脆裂的性能，即在一定温度变化下保持原有性能的能力。

3) 机械强度(包括延伸性和抗断裂性)。指防水卷材承受一定荷载、应力或在一定变形条件下不断裂的性能。

4）柔韧性。指在低温条件下保持柔韧的性能，对于保证施工方便、不发生脆裂具有重要意义。

5）大气稳定性。指在阳光、热、臭氧及其他化学侵蚀介质等因素的长期综合作用下不变质的能力。

（2）答：三元乙丙橡胶（EPDM）防水卷材具有优异的耐气候性、耐老化性，而且抗拉强度高，伸长率大，对基层伸缩或开裂的适应性较强。此外，其还具有密度较小（为 12 ~ 2 kg/m^2）、使用寿命长（估计20年以上）、使用温度范围广（$-40 \sim 80$℃）、可以冷操作、对环境污染少等优点。

（3）答：沥青防水卷材、高聚物改性沥青防水卷材、合成高分子防水卷材的现场抽检数量为：大于1 000卷抽5卷，500 ~ 1 000卷抽4卷，100 ~ 499卷抽3卷，100卷以下抽2卷。对防水卷材进行规格、尺寸和外观质量检查，在外观质量检验合格的卷材中，任取1卷做物理性能检验。

（4）答：

1）沥青防水卷材外观质量

项目	质量要求
孔洞、硌伤	不允许
露胎、涂盖不匀	不允许
折纹、皱褶	距卷芯1 000 mm以外，长度不大于100 mm
裂纹	距卷芯1 000 mm以外，长度不大于10 mm
裂口、缺边	边缘裂口小于20 mm；缺边长度小于50 mm，深度小于20 mm
每卷卷材的接头	不超过1处，较短的一段不应小于2 500 mm，接头处应加长150 mm

2）高聚物改性沥青防水卷材外观质量

项目	质量要求	项目	质量要求
孔洞、缺边、裂口	不允许	胎体未浸透、露白	不允许
边缘不整齐	不超过10 mm	每卷卷材的接头	不超过1处，较短的一段不应小于1 000 mm，接头处应加长150 mm
撒布材料粒度、颜色	均匀		

3）合成高分子防水卷材外观质量

项目	质量要求
折痕	每卷不超过2处，总长度不超过20 mm
杂质	大于0.5 mm颗粒不允许，每1 m^2 不超过9 mm^2
胶块	每卷不超过6处，每处面积不大于4 mm^2

续表

项目	质量要求
凹痕	每卷不超过 6 处，深度不超过本身厚度的 30%；树脂类深度不超过 15%
每卷卷材的接头	橡胶类每 20 m 不超过 1 处，较短的一段不应小于 3 000 mm，接头处应加长 150 mm；树脂类 20 m 长度内不允许有接头

（5）答：

1）不同品种、标号、规格和等级的产品应分别堆放。

2）卷材应储存在阴凉通风的室内，避免雨淋、日晒和受潮，严禁接近火源。沥青防水卷材的储存环境温度不得高于 45℃。

3）卷材宜直立堆放，其高度不宜超过两层，并不得倾斜或横压，短途运输平放不宜超过四层。

4）应避免与化学介质及有机溶剂等有害物质接触。

模块二

1. 填空题

（1）冷　热

（2）屋面坡度　当地历年室外极端最高气温

2. 简答题

（1）答：先将粉状或纤维状填充料加热到 105 ~ 110℃，使其脱水干燥，然后按配比缓慢加入到加热熔化、脱水且不再起泡沫的热石油沥青或煤沥青中，加热温度宜控制在 160 ~ 180℃，边加边搅拌到拌和均匀为止。

（2）答：

配套材料	三元乙丙防水卷材	氯化聚乙烯—橡胶共混防水卷材	氯化聚乙烯防水卷材
基层胶黏剂	CX—404 胶	CX—404 胶或 409 胶	LXY—603—3 号胶，淡黄色透明黏稠液体，剥离强度不小于 20 N/2. 5 cm
卷材接缝胶黏剂	丁基橡胶黏剂甲、乙组分或单组分丁基橡胶黏剂	氯丁系胶黏剂 CX—404 胶 CX—401 胶	LYX—603—2 号胶，灰色黏稠液体，剥离强度不小于 25 N/2. 5 cm

模块三

1. 填空题

（1）溶剂型　水乳型　反应型

（2）单组分　双组分

（3）合成高分子类　高聚物改性沥青类　沥青类　水泥类

（4）5 ~ 25℃

2. 简答题

（1）答：通过溶剂挥发，经过高分子物质分子链接触、搭接等过程而结膜；涂料干燥快，结膜较薄而致密；生产工艺较简易，涂料储存稳定性较好；易燃、易爆、有毒，生产、储存及使用时要注意安全；由于溶剂挥发快，施工时对环境有污染。

（2）答：

1）防水涂料应储存在阴凉、通风和干燥的库房内，防止雨淋和日光直接暴晒，并应杜绝火源，远离热源。涂料的保存温度一般可控制在5～25℃范围内，因而应注意冬季防冻。

2）涂料进库，要进行分类登记，填写产品名称、类别、型号、件数、质量、生产厂家、出厂日期、储存保管有效期、存放位置等信息，以便清查和选用。

3）库房重地严禁烟火，严禁他人随便出入。电气开关、设备和照明设备应有防爆罩，以免电器使用或发生故障时引燃涂料，库房区应按规定配足消防设备。

4）不允许在涂料仓库内调配涂料，以免易燃、易爆、有毒气体挥发逸散到仓库的空间内，造成安全事故。涂料桶必须密封，不得有裂缝或开口，更不允许将涂料存放于敞口容器中。

5）应有严格的领发料制度，按计划发放涂料，施工现场不宜存放过多的涂料和稀释剂。

6）涂料产品在规定的储存条件下，如果超过了有效储存期，应按照产品的技术标准的规定进行各项指标的检验，如检验结果符合技术标准的有关规定，仍可继续使用，不符合要求的涂料应及时进行处理。

7）对仓库管理人员应进行安全与防火知识培训，要求能熟练使用各种消防器材，并应定期进行检查，消除隐患。

模块四

1．填空题

（1）定型密封材料　非定型密封材料

（2）改性沥青密封材料　合成高分子密封材料

（3）5℃

（4）3个月　2个月

（5）堵漏剂　灌浆材料

2．简答题

（1）答：

1）应具有良好的弹塑性、不透水性和不透气性。

2）应具有良好的收缩性，能长期抵御外力的影响（温度、湿度、风力、振动等），经受建筑物及构件因温度、风力、地震、振动等作用引起的接缝变形的反复变化。

3）应具有良好的黏结性、施工性、抗下垂性，使被黏物之间形成防水连续体，不剥离。

4）应具有良好的耐候、耐热、耐寒等性能，能抵御自然环境因素的作用（日晒、风雪等），并保持原有的性能。

（2）答：水泥应按品种、批号、出厂日期分别运输和堆放。堆放时四周离墙300 mm以上，堆放高度不宜超过10袋，堆宽以5～10袋为限，每堆不宜超过1 000袋，堆垛之间应留有宽 1 m 以上的走道。

第三单元

模块一

1. 一般施工机具　热熔卷材施工机具　热焊接卷材施工机具　堵漏施工机具
2. 喷灯　火焰喷枪

第四单元

模块一

1. 填空题

(1) 10

(2) 4

(3) 5℃　-10℃

(4) 6 m　4 m

(5) 3～5

(6) 满粘法　空铺法　条粘法　点粘法

(7) 200

(8) 800

(9) 技术准备　材料准备　作业条件准备　机具和工具准备

(10) 热玛琋脂黏结法　热熔法　热风焊接法

(11) 加热　滚铺　排气收边　压实工序

(12) 4　3

(13) 上

(14) 10 mm

(15) 15 N/10 mm

(16) 50～100　300

2. 简答题

(1) 答：防排结合、刚柔并用、多道设防、整体密封。

(2)

屋面坡度与振动情况	铺贴方向	
	高聚物改性沥青卷材	合成高分子卷材
坡度小于 3%	平行于屋脊	平行于屋脊
坡度为 3%～15%	平行或垂直于屋脊	平行或垂直于屋脊
坡度大于 15%	平行或垂直于屋脊	平行或垂直于屋脊
坡度大于 25%	垂直于屋脊方向铺贴，并采取固定措施	

续表

屋面坡度与振动情况	铺贴方向	
	高聚物改性沥青卷材	合成高分子卷材
屋面受振动	平行或垂直于屋脊	平行或垂直于屋脊
叠层铺贴	上下层卷材不得相互垂直	
铺贴天沟、檐沟	顺天沟、檐沟方向，减少搭接	

(3) 答：清理基层→涂刷基层处理剂→节点附加层处理→定位弹基准线→涂刷基层胶黏剂→粘贴卷材→卷材接缝粘贴→卷材接缝密封→蓄水试验→保护层施工→检查验收。

模块二

1. 填空题

(1) 3

(2) 卷材　涂膜

(3) 刚性防水　涂膜防水

(4) 20　密封材料

(5) 技术准备　材料准备　施工机具准备　作业条件准备

(6) 刷涂法　喷涂法　抹涂法　刮涂法

(7) 3

(8) 50

(9) 10

(10) 4～8

(11) 100　10

(12) 50　70

(13) 80%

2. 简答题

(1) 答：

1) 建筑物根据其性质、重要程度、使用功能要求和渗漏造成危害的程度，将屋面防水划分为四个等级。

2) 根据当地历年最高气温、最低气温、屋面坡度和使用条件等因素，应选择与耐热性、低温柔性与延伸性相适应的涂料。

3) 根据地基变形程度、结构形式、当地年温差、日温差和振动等因素，应选择与延伸性相适应的涂料。

4) 根据屋面防水涂膜暴露程度，应选择与耐紫外线、热老化保持率相适应的防水涂料。

5) 多道防水或复合防水选择防水材料时，要注意材性相容和结合问题，原则上应将高性能、耐老化和耐穿刺性好的材料放在上部，对基层变形适应性好的材料放在下部，充分发挥各种材料性能的特点。

（2）答：一般用棕刷、长柄刷、圆滚刷蘸防水涂料进行涂刷。也可边倒涂料于基层上边用刷子刷开刷匀，但倒涂料时要控制涂料均匀倒洒。涂布垂直面层则采用蘸刷法。

涂刷遍数必须按事先试验确定的遍数进行。

涂布应先立面后平面，涂布采用分条或按顺序进行。分条时分条宽度应与胎体增强材料一致。涂刷应在前一层涂料干燥后才可进行下一层涂料的涂刷，各道涂层之间的涂刷方向应相互垂直。涂层的接缝处，在每遍涂刷时应退后 50 ~ 100 mm，接缝时再超出缝 50 ~ 100 mm，以免接缝不严造成渗漏。

在每遍刷涂前，应检查前一遍涂层是否有缺陷，如气泡、露底、漏刷、胎体材料皱褶、翘边、杂物混入涂层等不良现象，如有则应先进行修补处理，合格后再进行下道涂层施工。

刷涂质量要求是涂膜厚薄一致，平整光滑，无明显接缝。同时不应出现流淌、皱纹、漏底、刷花和气泡等弊病。

（3）答：

1）对施工操作人员进行安全技术教育，使施工人员对所使用的防水涂料的性能及所采取的安全技术措施有较全面的了解，并在操作中严格执行劳动保护制度。

2）热塑涂料加热时，应有专人看管，涂料塑化后入桶，运输和作业过程中必须小心防止烫伤。

3）涂刷有害身体的涂料时，须戴防毒口罩、密闭式防护眼镜和橡皮手套，并尽量采用涂刷或涂刮法，少用喷涂，以减少将飞沫及气体吸入体内，操作时应尽量站在上风口。

4）采用喷涂施工时，应严格按照操作程序施工，严格控制空压机风压，喷嘴不准对着人，随时注意喷嘴畅通情况，要警惕塞嘴爆管，造成安全事故。

5）手上或皮肤上粘有涂料时，尽量不用有害溶剂（汽油、苯等）洗涤，可用煤油、肥皂等洗涤，再用温水洗净。下班后或吃饭前必须洗手、洗脸，接触有毒涂料时间较长时应淋浴冲洗。

6）施工人员在操作过程中，感觉头痛、心悸、恶心时，应立即离开工作地点，到通风处休息。

7）沾有涂料的棉丝、破布、油纸等废物应收集放入有盖的金属容器内，及时进行处理，不得乱扔。

8）在易燃涂料施工现场，应设置禁火区域。若要使用明火必须事先办理动火许可证，配备足够的消防器材。

9）施工完毕，未用完的涂料和稀释剂应及时清理并退回库内。

模块三

1．填空题

（1）火山灰

（2）中砂或粗砂　2%

（3）流动性　黏聚性　保水性

（4）5 ~ 35℃

（5）40 mm　10 mm

（6）上大下小　涂刷隔离剂

（7）30 mm

2. 简答题

(1) 答:

1) 现浇整体钢筋混凝土屋面基层表面平整、坚实，局部不平处用1∶2.5 水泥砂浆或高聚物水泥浆填平抹实。

2) 预应力混凝土预制屋面板的安装应符合施工要求，牢靠稳固，不得有松动现象，板缝大小一致，相邻板面高差不大于10 mm，如高差较大时应用1∶2.5 水泥砂浆局部找平。

板缝清理干净并洒水充分湿润，随即用细石混凝土灌缝并插捣密实，有条件时灌缝细石混凝土宜掺微膨胀剂，以提高整体刚度，灌缝高度与板面平齐，板底应用板条吊缝，不得用废水泥袋、编织袋、碎砖等填缝底。

3) 刚性防水层的排水坡度一般应为2% ~3%，宜采用结构找坡。如采用建筑找平，找坡材料应用水泥砂浆或轻质砂浆，以减轻屋面荷载。

4) 由室内伸出屋面的水管、通风管、排气管等的安装，屋面上部的设备基础等均需在防水层施工前进行完毕。

5) 掌握天气预报，24 h 内气温不低于5℃时采用日常施工技术措施，否则应采取冬季施工技术措施。施工时气温不宜高于32℃，36 h 内应无雨，施工期间无五级及其以上大风。

(2) 答: 将基层上的灰尘扫掉，用钢丝刷和錾子刷净，剔掉灰浆皮和灰渣，并用清水冲洗干净。冲洗后的基层最好不要上人。板端嵌填密封膏，保温层必须干燥，设隔离层。

(3) 答:

1) 设置在屋面板的端头处，纵横向分格缝交接处必须相通，不宜成为“T”字形缝及“L”形缝；屋脊处应留纵向分格缝。

2) 设置在刚性防水层与突出屋面的交接处的根部。

3) 设置在整浇屋面的转折处及横轴线处。

4) 分格缝纵向横向的间距不应大于6 m。

5) 分格缝应与板缝一致，位于开间处，分格缝应延伸到挑檐、天沟内。刚性防水层的分格缝应和屋面板缝对齐。

(4) 答:

1) 细石混凝土的原材料及配合比必须符合设计要求。

2) 细石混凝土防水层不得有渗漏或积水现象。

3) 细石混凝土防水层在天沟、檐沟、檐口、水落口、泛水、变形缝和伸出屋面管道的防水构造，必须符合设计要求。

第五单元

1. 填空题

(1) 150 (2) 4 (3) 100

2. 判断题

(1) √ (2) × (3) √ (4) √ (5) √ (6) ×

3. 选择题

(1) A (2) D (3) C (4) A (5) B

第六单元

模块一

1. 填空题

（1）五　5～35　（2）600　（3）9　（4）20　50　（5）4

2. 判断题

（1）√　（2）√　（3）×　（4）√

3. 简答题

答：

（1）用卷材做地下工程的防水层，因其将长时间处在地下水的浸泡中，所以不得采用极易腐烂变质的纸胎类沥青防水油毡。

（2）地下工程防水卷材的施工必须在结构验收合格后方可进行。卷材防水层是依靠其结构层的刚度并由单层或多层卷材铺贴形成的。由此可见，铺贴卷材的结构层必须坚固，其结构形式要简单，被粘贴卷材的基层表面要平整牢固、清洁、干燥。

（3）卷材防水层铺贴前，所有穿过防水层的管道、预埋件均应施工完毕，并做好防水处理。防水层铺贴后，严禁在防水层上面再打眼开洞，以免引起水的渗漏。

（4）卷材防水层应铺设在混凝土结构主体的迎水面上。

（5）为了便于施工并保证其施工质量，施工期间的地下水位应降低到垫层以下不少于500 mm处。

（6）卷材防水层应铺在底板垫层上表面，以便形成结构底板，侧墙以及墙体顶端以上的外围外包封闭防水层。

（7）铺设卷材防水层严禁在雨雪天以及五级风以上的条件下施工，正常的施工温度范围为5～35℃，冷粘贴施工温度不宜低于5℃，热熔法施工温度不宜低于－10℃，冬季施工时应采取保温措施，雨天施工时应采取防雨措施。

（8）铺设卷材前，应在基面上涂刷基层处理剂。当基层较为潮湿的情况下，应涂刷湿固化型胶黏剂或潮湿界面隔离剂。卷材防水层所采用的这些基层处理剂应与卷材及胶黏剂的材料相容。基层处理剂可采用喷涂法、涂刷法施工，喷涂均应均匀一致，不露底。待表面干燥后，方可铺贴卷材。

模块二

1. 填空题

（1）边坡塌方　扶梯　栏杆

（2）先远后近、先高后低、先细部后大面、先立面后平面

2. 简答题

答：（1）涂膜防水地下室漏水

1）原因。混凝土配合比及施工质量不良，存在贯通的孔洞；由于各种原因使地下室出现裂缝；防水涂层施工质量不好或防水涂层延伸性不够而造成防水层拉裂。

2）防治措施。用防水材料等先引流排水，然后填缝堵洞，杜绝渗漏，最后用防水涂料配合纤维增强材料形成涂膜封闭。

（2）变形缝、施工缝和新旧结构接头处渗漏

1）原因。混凝土施工质量不良，收缩量过大，出现裂缝；一些部位的细部防水处理方

法欠妥，如止水带安放位置不当，混凝土浇捣不够严实，嵌缝膏填塞不严等；密封材料及防水涂层延伸率不够，被拉裂或脱离黏结面等。

2）防治措施。在漏水部位嵌填、粘贴或注入柔性或强度大的防水材料，在表面用弹性防水涂料（如聚氨酯防水涂料等）和纤维材料做增强防水层。

（3）穿墙管和预埋管处漏水

1）原因。管子或套管安装不严密，周围出现裂缝和缝隙；细部处理方法欠妥，管外壁及混凝土预留孔壁之间的密封材料填塞不严，外侧防水涂料加强层黏结不良；密封材料及防水涂料层因延伸度不够，被拉裂或脱离黏结面。

2）防治措施。清理管子外侧空间的嵌填密封材料或注浆材料，重新严密堵塞；管子与地下室壁面连接根部用弹性防水涂料配合纤维材料做增强防水层。

模块三

1．填空题

（1）14

（2）120　120～180

（3）先顶板，再墙板，后地面

（4）普通防水混凝土　掺外加剂防水混凝土　膨胀水泥防水混凝土

（5）1.5

（6）30～40　2

（7）5　14

2．简答题

（1）答：

1）在设计许可的情况下，采用混凝土60天强度作为设计强度。

2）采用低热或中热水泥，掺加粉煤灰、磨细矿渣粉等掺和料。

3）加入减水剂、缓凝剂、膨胀剂等外加剂。

4）在炎热季节施工时，采取降低原材料温度、减少混凝土运输时吸收外界热量等降温措施。

5）混凝土内部预埋管道，进行冷水散热。

6）采取保湿养护，混凝土中心温度与表面温度的差值不应大于25℃，混凝土表面温度与大气温度的差值不应大于25℃，养护时间不应少于14天。

（2）答：

1）基层表面应平整、坚实、粗糙、清洁，并充分湿润、无积水。

2）基层表面的孔洞、缝隙应用与防水层相同的砂浆堵塞抹平。

3）施工前应将预埋件、穿墙管预留凹槽内嵌填密封材料后，再做施工防水砂浆层。

4）水泥砂浆防水层应分层铺抹或喷射，铺抹时应压实、抹平，最后一层表面应提浆压光。

5）高聚物水泥砂浆拌和后应在1 h内用完，且施工中不得任意加水。水泥砂浆防水层各层应紧密贴合，每层宜连续施工；如必须留槎时，采用阶梯坡形槎，但距阴阳角处不得小于200 mm；接槎应依层次顺序操作，层层搭接紧密。

第七单元

1. 填空题

（1）20

（2）挤入法　压入法

2. 简答题

（1）答：施工准备→接缝与基层处理→嵌填衬垫材料→粘贴防污条→刷打底料→嵌填密封膏→表面修整→揭去防污条→养护。

（2）答：将基层用钢丝刷刷干净，再用毛刷（油漆刷）除去浮土。基层要求平整、干燥、无松动、无浮土、无污物。不符合要求的应修整，有裂缝的基层应先处理裂缝，根据缝隙分别用防水涂料或密封材料填缝。

参 考 文 献

方世康. 防水工程施工［M］. 北京：中国建筑工业出版社. 2006.
陈安生. 防水工程施工［M］. 北京：化学工业出版社. 2011.
薛莉敏. 建筑屋面与地下工程防水施工技术［M］. 北京：机械工业出版社. 2004.
沈春林，杨军，苏立荣，李芳. 建筑防水卷材［M］. 北京：化学工业出版社. 2004.
俞宾辉. 建筑防水工程施工手册［M］. 济南：山东科学技术出版社. 2004.